墨客·肴

樊延红 著

陕西新华出版 三秦出版社

图书在版编目（CIP）数据

墨客·肴 / 樊延红著. -- 西安 : 三秦出版社, 2024.4

ISBN 978-7-5518-3117-8

Ⅰ. ①墨… Ⅱ. ①樊… Ⅲ. ①饮食—文化—中国—古代 Ⅳ. ①TS971.2

中国国家版本馆CIP数据核字(2024)第052808号

墨客·肴

樊延红 著

出版发行	三秦出版社
社　　址	西安市雁塔区曲江新区登高路1388号
电　　话	（029）81205236
邮政编码	710061
印　　刷	陕西隆昌印刷有限公司
开　　本	889mm×1194mm　1/32
印　　张	8.25
字　　数	164千字
版　　次	2024年4月第1版
印　　次	2024年4月第1次印刷
标准书号	ISBN 978-7-5518-3117-8
定　　价	98.00元

网　　址　http://www.sqcbs.cn

序

我国古代的文人墨客当中，爱吃、能吃的文豪不少，许多文献典籍中都能看到他们与美食佳肴的身影。但要成为一个有意思的吃货，一个美食家，可没那么容易。

首先，要有一点闲情逸致。

这不单单是时间的问题，还与心态、兴致等相关。

一个位高权重的人，有条件、有机会吃到许多美食，可惜他们与美食相遇，大多是在应酬的场合。酒宴当前，大家忙着交换情感与利益，用在食物上的心思不会太多，从品尝的角度来看，其实枉费了许多佳肴。

只有从热闹的庙堂之上走下来，离开权力场的中心，身处江湖之远，才会有闲暇、有心思来细细品味盘中滋味。这种时候，他们的物质条件肯定已经大不如前，再没有机会参加高档的宴会。于是苏轼开始琢磨怎样做出鲜美的鱼羹，怎样才能把一只猪头煮得又香又烂，怎样自酿美酒；黄庭坚则在偏僻的西南认真研究真珠菜

邹平公食宪章

鄒平公食憲章

和棕笋，研究馄饨的馅料组合；刘基干脆在家乡写成了类书《多能鄙事》，汇编各种美食的制法。

《曲洧旧闻》[1]中说，有一次苏轼与客人闲谈，聊的是关于美食的话题。苏轼聊至兴浓，拿过纸笔，开列了一份食单，内容如下：

> 烂蒸同州羊羔，灌以杏酪，食之以匕不以箸，南都麦心面，作槐芽温淘，糁以襄邑抹猪，炊共城香粳，荐以蒸子鹅，吴兴庖人斫松江鲙。既饱，以庐山康王谷帘泉，烹曾坑斗品茶。少焉，解衣仰卧，使人诵东坡先生赤壁前、后赋，亦足以一笑也。

简短的一段文字中提到了几种美食，分别是杏酪蒸羊羔、槐芽温淘面、共城香米饭、蒸子鹅、松江鲙，这应该算是苏轼总结出来的人间顶级美味。

值得注意的倒不是这些美味本身，而是苏轼为它们加上的限定条件：蒸羊羔必须用同州产的羊，而且吃的时候不要用筷子，要拿一把小刀，自己动手，切割而食；面条必须使用产自南都的精面粉，同时配以猪肉卤子，而且猪肉一定要用襄邑的猪；香米饭要用共城出产的稻米，同时要用蒸鹅来下饭；鱼鲙所用的鱼最好产自松江之中；更关键的是，必须找一个吴兴的厨子来制作。

严苛的条件，透露出苏轼饮食阅历的丰富和味觉上的敏感——只有亲口品尝过各地同类食物的人才能比较其中的优劣短长，只有认真品咂滋味之后才能发现其中的细微差别。一个具备

1　南宋朱弁所撰小说集，十卷。弁于建炎元年（1127）使金，被留十七年。此书为留金时所作，皆追述北宋君臣事迹，其中于王安石变法、蔡京绍述、朋党角逐之事，言之尤详。

这种阅历、这种敏感的人，称得上一个“吃货”。

其次，要有一定的财力；或交际广泛，可以到处“蹭饭”。

如果一个人生活清贫，整日饥肠辘辘，为了填饱肚皮而苦恼，那么随便什么食物，他吃起来都感觉香甜可口，根本顾不上挑剔和讲究。这种状态之下，如果别人称呼他是一个吃货，大概奚落和嘲笑的成分更多一些。

唐代段文昌的府里能够雇用一位膳祖，元代倪瓒能总结出一本《云林堂饮食制度集》，清代尹继善府里能炮制出精致的蜜火腿等美味，都需要丰厚的财力作为后盾。

写出《随园食单》的袁枚，个人财力虽然有限，但作为尹继善的亲信，他能够借助尹继善的势力，品尝到江浙许多大户人家的家膳精品，大长见识。比袁枚稍晚的梁章钜履历丰富，有机会品尝各地的佳肴，他的著作当中，经常会谈到各地的美味，像小炒肉、鹿尾、黄河醋熘鱼、靖远鱼等等，这与他的地位与交际密切相关。

再次，要有旺盛的食欲，要馋。

一个食欲不振的人，美食当前却全无兴趣，这是十分败兴的事情。一个吃货的勤劳和坚持有其内在的动力，那就是口腹之欲，即“馋”。馋是一种可靠的、自发的内驱力，能让一个人对食物精益求精，孜孜以求，克服各种困难，只为把一份美食拿到面前，大快朵颐。

苏轼在黄州、惠州、儋州的时候，曾经写下大量关于饮食的诗文，这与他的赋闲关系很大，但更主要是因为他的馋。因为馋，他会认真琢磨怎样让萝卜的味道更浓，他会花费一整天的时间，细细品咂羊骨头中的一点肉屑，并大感有味。

与之类似的，还有张岱、方以智、曹雪芹等人，他们也是从锦绣生活落入穷苦之中。张岱隐于深山之中，闲饥难忍，枕石席草，饥饱不定；方以智遁入空门，素食缁衣；曹雪芹置身北京的市井中，生活困顿。他们用各自的方式，在文字中回忆往昔的荣华美妙，其中总能见到令人垂涎的美食美味。但现实是冰冷的、清苦的，有些美味他们已经难以获致，只能永远留在记忆之中。

最后，要有相当的语言表现力和强烈的表达欲望。

客观上，富贵者更有资格成为美食家，因为他们有更多的机会享受美食精馔。可惜，他们仅仅是把它们吃下去，没有时间把享受的过程诉诸文字，或者不肯写、不屑写。

一道独特的美食被烹制出来，又被某人吃到嘴里，如果这个人不能把这美食的种种妙处告诉别人，不能为它写出一些文字，或者连一份最简洁的菜单都没有留下来，那么这些美食只对他自己的唇舌肠胃有意义，别人根本无法分享。从旁观者的角度讲，吃进这人嘴里肚里的美食，与倒进沟渠的差别不大。

在这方面苏轼做得最好，他笔墨勤劳：吃过荔枝、紫蟹、扇贝、鲜蚝，他写下来；吃过一道好鱼羹，喝过一点好蜜，尝过土芋、小豆麦饭，他照样提笔一五一十地写下来；《猪肉颂》《东坡羹颂》《食豆粥颂》，稍稍奇特一点的滋味，他都诉诸笔端。

但像苏轼这样专门给扇贝作传，给菜羹作赋，给老饕作文章，为了口中之物大费笔墨的人，是绝无仅有的。透过这些文字，我们感受到的是他的诚挚之心，感觉到他是在向自然与造化致敬。

回到《曲洧旧闻》的那一段文字，苏轼享受了蒸羊羔、蒸子鹅、松江鲙和香粳饭，但惬意的事情还没有完结，他还要再喝几碗庐山泉水泡的曾坑斗品茶。物质带来的快感之后，就是精神上的享受——他要宽衣仰卧，听别人诵读前、后《赤壁赋》。

苏轼在另一首诗中写过更奇妙的句子："醉饱高眠真事业，此生有味在三余。"一个人把醉饱的惬意当成事业来追求，绝对是真正的美食家。

人间有真味

古人的食物肯定没有我们现在这样丰富，这样丰盛。但他们吃得有文化，往往在美食之外，还衍生出美好的表达。千百年以后的今天，虽然曾经的美食精馔已经变得面目全非，滋味不再，但文字的芬芳依旧，可供我们品咂玩味。透过那些文字，我们可以约略猜想那些遥远的滋味。也因为那些文字，原本短暂的舌尖感受都成为一种恒久的滋味，也是一种恒久的力量。

600 A.D.　800 A.D.　1000 A.D.　12

目录

明（1368—1644）

清（1636—1911）

1400 A.D. 1600 A.D. 1800 A.D.

段府膳祖

〇一

段氏祖孙

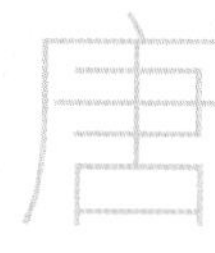

段文昌（773—835），字墨卿，一字景初，西河（今山西汾阳）人，唐朝宰相。段文昌著有文集三十卷、《诏诰》二十卷，还曾自编《食经》五十卷。

段成式（803—863），字柯古。唐朝著名志怪小说家，除代表作《酉阳杂俎》外，在《全唐诗》中还收入其诗词三十多首，《全唐文》中收文章十一篇。

*

有一部煌煌五十卷的著作，书名在今天听来非常霸气，叫作《邹平公食宪章》，是晚唐段文昌所著的一部饮食经。这里的邹平公，指的就是段文昌，唐文宗时他被封为邹平郡公，后又由御史大夫升为宰相。

段文昌身居高位二十年，洒脱倜傥，很懂得享受生活。《旧唐书·段文昌传》说他“其服饰玩好、歌童妓女，苟悦于心，无所爱惜，乃至奢侈过度，物议贬之”。

在饮食方面段文昌尤其讲究。在段府，厨房是一个非常重要的地方，门上挂着一块匾，上面写着“炼珍堂”。即使出门在外，段文昌也要带着厨子和重要的厨具，保证随时有一个流动的厨房跟在自己身边，还将之命名为“行珍馆”。也就是说，无论居家还是外出，在饮食上面段文昌一点也不想将就。

段府中有位好厨师，名为“膳祖”，这个名字听起来非常有气势，或许是段文昌认为她厨艺精湛便，便替她起了这个名号。膳祖在段家服务了四十年，她的年纪越来越大，段文昌当然希望她的手艺能够传承下去，就嘱咐膳祖在家中的婢女当中随便挑选合适的年轻人，教授手艺。膳祖观察了一百多个婢女，最终选为弟子的只有九人，可见她的标准有多么高。

《因话录》[1]记载，段文昌的性格不够随和，心胸不广，喜欢挑剔，容不得别人有半点过失。他在西川的时候，经常设宴款待宾客。有一位进士名叫薛大白，喝酒之后经常直呼别人的名字，显得突兀，不礼貌。段文昌不喜欢，之后的宴席便再也不请他了。

这则小故事尽显段文昌的性格。这样一个人，在生活上想必也极为挑剔。膳祖却能够在段府服务几十年，说明她的厨艺相当出众，连段文昌也挑不出毛病来。

段文昌做到了宰相的高位，他的儿子段成式从小生长在富贵的环境之中，自然深受影响。后来段成式在《酉阳杂俎》[2]第七卷专门写了“酒食”，记录了许多唐代的美食。

《酉阳杂俎》中提到一份清单，上面列举了唐玄宗和杨贵妃赏赐给安禄山的物品，其中能够明确为食品的有桑落酒、清酒、阔尾羊窟利、马酪、野猪鲊、余甘煎、辽泽野鸡、蒸梨等。羊窟利又称“羊胯利”，窟利就是肉干。《酉阳杂俎》强调阔尾羊，说明这

1 唐代赵璘撰文言笔记小说集，所记皆唐代事，共六卷。

2 为笔记小说集，所记有仙佛鬼怪、人事以至动物、植物、酒食、寺庙等等，分类编录。

种羊在当时应该是比较珍贵的品种。

食物之外，还有精美的餐具，比如金平脱犀头匙箸、金银平脱隔馄饨盘、八斗金镀银酒瓮、鲫鱼并脍手刀子、银笊篱、银平脱食台盘、金平脱铁面碗等。这些都算得上唐朝中期的顶级餐具了，按照段文昌的家境和他本人喜好奢华的脾气来看，段家的餐具应该和这差不多，段成式有机会看到和用到。

其中比较有意思的是“鲫鱼并脍手刀子”，新鲜的鲫鱼最适合制作鱼脍，唐玄宗便连同切鱼片的刀子也一同赐给了安禄山。

唐代人很喜欢食用生脍，而制作鱼脍、肉脍，有两个非常关键的地方：第一，作为原料的鱼和肉一定要非常新鲜，不然滋味大减；第二，鱼和肉一定要切得尽量薄一些，再薄一些。肉片薄了，才更容易与调料充分调和，更容易入味，滋味自然更好。

把牛肉切成恰到好处的薄片，并不容易，需要有一把锋利的好刀，同时要有出色的刀工。《酉阳杂俎》中提到一位南孝廉，刀工极好。由南孝廉加工的鱼脍、肉脍，非常细薄，甚至到了“縠薄丝缕，轻可吹起”的程度。

肉片可以一口气吹到空中，说明极为轻薄。南孝廉不但切得薄，而且切得快，“操刀响捷，若合节奏”，仿佛有了节奏一般，说明他自己很享受这个操作的过程。他因此名声在外，只要有机会，就想给别人露一手。

有一次和朋友们聚会，南孝廉又准备了鲜鱼，正在展示他的刀工，突然天上一声响雷，案板上刚刚切好的鱼脍随声化为一大群蝴蝶，翩翩而去。南孝廉吓得不轻，从此以后再不愿施展自己的刀工了。

**

此类文人与美食之间的故事在《酉阳杂俎》中还有几则。和州有一位刘录事，非常能吃，食量惊人，尤其喜欢吃鱼脍、肉脍，甚至放言说他吃生脍从来没有吃饱过。一位朋友听说后，便打了一百多斤鱼，与其约至郊外的亭子里吃鱼脍。

刘录事坐下刚吃了一会儿，喉咙里就突然哽住，然后咯出一颗骨质的珠子，如同黑豆大小。刘录事也不在意，随手丢到茶碗里，上面盖上生鱼片，自己继续吃。一会儿，那个茶碗突然翻倒，那颗骨珠自己滚了出来，已经比刚才长大了许多，成了一个人的形状。众人围上前来，眼看着那颗珠子越来越大，眨眼之间就长成一个大人。

此人扑上前来，揪住刘录事就打，打得他满身是血。混乱之中，两个人绕着亭子奔跑，迎面撞到一起，合二为一，还是一个刘录事。但是，此时的刘录事看上去比刚才呆傻了许多，过了半日才能言语，却说不清楚之前都发生了什么事。此后，刘录事再不肯吃生脍了。

相比保住性命的刘录事，宰相房琯就没有这么幸运了。

有一位邢和璞，擅长预测人的命运，宰相房琯让他看一看自己的未来。邢和璞说：大人将来会死在西北方向，不是在驿站，不是在寺院，不是在官府，也不是在路上。致死的原因是一种含鱼的食物，而且死后将用龟兹木作为棺木。

后来房琯奉旨进京时路过阆州，在一个名叫紫极宫的道观停下来歇脚，看见有几个木工在搭建木房。房琯感觉那些木材的纹理很奇怪，便上前询问，原来那就是龟兹木。房琯一下子想起邢和璞当年的那番预言。随后，当地的刺史宴请房琯，准备的菜肴就是鱼脍。房琯一看，叹息一声说：“邢君真是神人啊！”

他对刺史讲起当年邢和璞的预言，请求刺史帮他一个忙：如果今天他死掉，请用那些龟兹木为他制作棺材。当天夜里，房琯果然因为那些鱼脍而死。

唐朝人还很喜欢吃牛羊肉，特别是羊肉。《宣室志》[1]记载，唐代宰相李德裕在东都洛阳任职时，曾经向一位僧人询问自己的命运。僧人说：“大人灾祸不远，不久就要被贬到南方很远的地方。”

这种预言当然让李德裕很不高兴，他问僧人：“我这一去，还有没有机会回来？”

僧人说：“当然能回来。”

“你怎么知道？”

僧人说：“大人这一生，该当享用一万只羊，现在只享用了九千五百只，所以大人还会回来，吃掉那剩下的五百只羊。”

李德裕说：“大师果然高明。元和十三年的时候，我曾经做过一个梦，梦见自己走在山中，山上到处是羊，还有十几个牧羊人，过来向我行礼。我问他们山中这些羊怎么回事，他们说这些是大人这辈子要吃的羊。几十年来，这个梦我一直记在心里，从没有对别人讲过，看来一切都有定数。”

不久，振武军节度使派人送来一封书信，同时赠送给李德裕

1　唐代张读所编撰的传奇小说集，共十卷。

五百只羊。李德裕吓得不轻，赶快把僧人请过来。僧人摇头叹息："如此一来，一万只羊的数目凑足了。大人此一去只怕不会回来了。"

李德裕说："如果我不吃这五百只羊，可不可以改变命运？"

僧人摇头："羊既然送到这里，已经归大人所有，吃与不吃，都是一样。"

李德裕伤心透顶。过了不久，他便被贬为潮州司马，又连贬为崖州司户，最终死在他乡。

《朝野佥载》[1] 一书中还提到一种牛窟利，顾名思义，也就是牛肉干。武则天时期，有一天尚食奉御张思恭给武则天送上一份牛窟利，结果上面有一条蚰蜒（一种节肢动物，体如蜈蚣），如筷子一般长短。武则天先把蚰蜒装进一只玉盒，再让人把张思恭叫过来，让他看看玉盒里的蚰蜒，说："昨天你送来的牛窟利上面，找到了这个。这可是极毒之物，朕从昨天到现在，一直恶心难受，不想吃东西。"

张思恭一听，急忙跪下，自称死罪，请武则天处置。最终，武则天赦免了张思恭的死罪，把他和杀牛的屠夫一起流放到岭南。

***

唐代疆域广大，胡风盛行，这一点在食物和饮食风尚上也有所表现，前面提到的羊窟利、牛窟利，就是游牧民族的食物，与

1 唐代张鷟撰笔记小说集。此书记载隋唐两代朝野佚闻，尤多武后朝事，共六卷。有的为《资治通鉴》所取材。

之类似的还有一些烤炙类的食物。

《酉阳杂俎》中就提到一种大貊炙，貊炙是北方游牧民族的一种饮食方法，简单地说，就是烧烤全兽，烤熟之后大家各自用刀子割取烤肉而食。汉代的《释名》一书中如此解释“貊炙”：“貊炙，全体炙之，各自以刀割出，于胡貊之为也。”

另一种获炙也差不多，差别可能在于烤炙的对象，大貊炙用的是驯养的家畜，获炙用的则是猎获的野味。说起来，貊炙和获炙都属于粗犷的吃法。比较精细的、讲究的吃法是另一种路子，比如唐懿宗的宝贝女儿同昌公主，她喜欢吃一种消灵炙。据说耗用一整只羊的肉，最终只能做成四两消灵炙，而且经过炎热的夏季，也不会腐败变质。

除了肉，烤炙的对象当然也可以是鱼，但并不是每个人都喜欢这种吃法。比如有一次，段成式在府中宴请宾客，菜肴当中就有一道烤鱼。谁知道，席上一位名叫玉壶的妓女最不喜欢炙鱼，见到它就神色大变。

无论烤炙的是鱼是肉，总会有难掩的香气。南方某些地方的野蜂很厉害，蜂巢大，蜂群经常伤人。为了安全地解决蜂巢问题，当地人便想出一个巧妙的办法，就是利用炙鱼的香气。他们将一种石斑鱼拿到蜂巢所在的大树旁边烤熟，再把鱼插到一根长竿上，高高举起来，让石斑鱼的影子正好落到蜂巢之上。不久就有几百只大鸟飞过来，在空中争抢石斑鱼。大鸟扇动着的翅膀劲健有力，很快就把蜂巢打得粉碎，摔落在地。

除了鱼炙和肉炙外，《酉阳杂俎》中提到的炙类食物还有驼峰炙和蛙炙，从名字就可以猜到它们的材料。再比如炙糌，糌是一种稻饼，把稻米或者糯米磨成粉，蒸制成饼或者直接烤炙，滋味肯定不错。

杏炙，也就是杏酪，将粳米、麦粒和捣碎的杏仁一同煮，作为寒食节的食物。隋代的《玉烛宝典》[1]中，杏酪的制法是在麦粥当中加入研碎的杏仁，再浇入糖浆。到了明代，北京城里的富贵之家还习惯吃这一道杏酪。

唐朝时，东南之地要比中原落后，所以段成式对那些产于东南的水产，认识还比较有限。他的儿子段公路咸通年间曾于岭南供职，写过一本《北户录》[2]，内容主要是岭南的异物奇事，其中还有许多岭南的美食，正好可以补充段成式著作的不足。

比如象鼻炙。当时在雷州、循州等地，有一种黑象，特点是象牙比较小，而且呈红色。当地人捕食这种黑象，最喜欢吃的部位就是象鼻子，据说是又肥又脆，最适合烤着吃，所以称为象鼻炙。当时有一种观点认为，大象的身上只有鼻子上的肉才属于本肉，其他部位的肉都是杂肉。

另一种美味叫作鹅毛脡，是恩州出产的一种小鱼，形体纤细如针，大约一千条小鱼加到一起，才有一斤重。这种小鱼用盐腌过，滋味非常鲜美。

岭南人经常吃一种米饼，用生熟米粉混合制成，又白又薄又软。

又有一种煲牛头，味道十分诱人。主料是鲜嫩的小牛头，在火

1　隋代杜台卿所著，记录古代礼仪及社会风俗的书，十二卷。

2　唐段公路所著唐代岭南风土录，三卷。段公路约咸通十二年（871）从茂名归南海，先仕南粤，后官万年县尉，此书是他南游五岭间采集民间风土、习俗、歌谣、哀乐等而作。

○乳煮羊胯利○鲜鱼脍○鱼炙○大貊炙○驼峰炙○蛙炙○象鼻炙
○鹅毛脡○米饼○褒牛头

上燎烤之后，再用热汤清洗，去毛、收拾干净，放入大锅之中，加入酒、葱、姜、豆豉等调料，煮熟。用快刀削下手掌大小的牛头肉，装入陶瓶或者陶罐之中，投入“苏膏椒橘”等调味材料，把陶瓶的瓶口封紧，外面裹上泥，放入火堆之中烧烤。煲好的肉片取出来丰腴滑嫩，吃起来很是解馋。

南朝时有一种食物叫作“奥肉”，便与这种煲肉类似。

段公路此前在衡州吃过熊蹯，两相比较，段公路认为其与褒牛头滋味只有很小的差异，只是不及煲牛头。

对于吃，段家的子弟果然是非常在行，能够分辨出滋味上最细微的差别。

鱼脍

〇二

欧阳修、梅尧臣

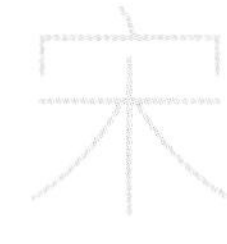

欧阳修（1007—1072），字永叔，号醉翁，晚年号六一居士，吉州庐陵永丰（今江西省吉安市永丰县）人。北宋政治家、文学家。

梅尧臣（1002—1060），字圣俞，世称宛陵先生，宣城（今安徽省宣城市）人。北宋官员、现实主义诗人。

*

作为一名政治上也有较高成就的文坛领袖，欧阳修接触美食的机会非常多，不过，欧阳修似乎不像后来的苏轼、黄庭坚那么贪吃，也不嗜茶，他最喜欢的就是喝酒。所以，欧阳修自号为“醉翁”。有一年清明前后，天降大雨，三日不停。欧阳修一家人困守室中不好出门，无聊之际，欧阳修便用喝酒来打发时光。问题是家中没有什么像样的食物储备，外面道路泥泞没什么人，距离集市又远，只好将就一下。酒是从破壶中倒出的一些残酒，下酒菜是从一只筐里翻找出的一点干鱼和干虾。欧阳修却喝得有滋有味，结果大醉，倒头便睡。

醒来之后，欧阳修心中索然，提笔写诗一首，送给梅尧臣，其中有一段便写的是他喝酒的场景：“妻儿强我饮，饤饾果与瓜。浊酒倾残壶，枯鱼杂干虾。小婢立我前，赤脚两髻丫。轧轧鸣双弦，正如橹呕哑。坐令江湖心，浩荡思无涯。”

妻儿强我饮，饤饾果与瓜。
浊酒倾残壶，枯鱼杂干虾。
小婢立我前，赤脚两髻丫。
轧轧鸣双弦，正如橹呕哑。
坐令江湖心，浩荡思无涯。

欧阳修晚年辞官闲居颍州时，撰写了记录朝廷旧事和士大夫琐事的《归田录》一书。书中提到了一位张仆射，身躯硕大，食量惊人。这位张大人最爱吃的是肥猪肉，一顿可以吃掉几斤。宋太宗淳化[1]年间，张大人被罢相，做了安州知州。他的巨大食量让当地人震惊。有一次张大人请人吃饭，灶间的厨子们想弄清楚张大人的食量到底有多少，便事先准备了一只金漆大桶放在一旁，看见张大人吃下多少食物，厨子就把等量的食物倒进大桶里。如此持续到傍晚，酒宴结束，一只大桶里连酒带菜，已经装得满满的，而这就是张大人一顿酒席吃下的东西。

相比之下，同时代的晏元献，身材清瘦，食量细微，则是另一个极端的人物。晏元献每次吃饭，只需要半张薄饼——用一根筷子将饼卷成筒状，然后把筷子抽出去，拿一根青菜插入中间的小孔中。这就是他一顿饭的全部内容，可谓吃得又少又仔细。

在《归田录》中，欧阳修称自己与梅尧臣从宋仁宗天圣年间就成为诗友，二人间诗文往来比较频密，其中许多诗的内容都与吃相关。

1　淳化（990—994）是宋太宗的年号，北宋使用此年号共 5 年。

比如梅尧臣的一首《斫脍怀永叔》："高河古穴深，下有苍鳞鲫。出水狞将飞，落刀细可织。香粳炊正滑，白酒美少力。但欠平生欢，共此中路食。"

就是梅尧臣在准备吃鱼脍的时候，面对美酒、香饭、鲜肉，怀念起了老朋友欧阳修，想起了两个人此前在一起吃鱼脍的场景。类似的诗梅尧臣还写过几首，比如有一次朋友送给梅尧臣十六条鲫鱼，梅尧臣想起早年自己在襄城时曾经得到一些鲫鱼，当时还特意为欧阳修留着。如今睹物怀旧，十多条鲫鱼最适合鱼脍，但欧阳修人在远方，无法将鱼寄达；想要斫脍，身边又没有合适的庖厨；想要放生，鱼已经死了；想要烹煮食用，又要费去许多薪柴。所以梅尧臣提笔赋诗一首："昔尝得圆鲫，留待故人食。今君远赠之，故人大河北。欲脍无庖人，欲寄无鸟翼。放之已不活，烹煮费薪棘。"

昔尝得圆鲫，留待故人食。
今君远赠之，故人大河北。
欲脍无庖人，欲寄无鸟翼。
放之已不活，烹煮费薪棘。

梅尧臣是安徽宣州人，有吃鱼脍的习惯。《避暑录话》中说，因为南北交通不方便，北宋的汴京城中很少有人懂得制作鱼脍，而梅尧臣家里有一个老婢女，精通斫脍。于是，每当欧阳修、刘原甫等人得到新鲜的鱼，想吃鱼脍的时候，就带着鲜鱼赶往梅家。

梅尧臣知道大家都喜欢吃这一口，平时得到好的斫脍材料都舍不得自己吃，而是赶快把大家请到家里来，一起享用。他写有一首《设脍示坐客》，说的便是请朋友吃斫脍的场景——材料用的是黄河冬天的鲤鱼，制作者是梅家的少妇，显然不是那位老婢女，梅家的女人大概个个都精通斫脍：“汴河西引黄河枝，黄流未冻鲤鱼肥。随钩出水卖都市，不惜百钱持与归。我家少妇磨宝刀，破鳞奋鬐如欲飞。萧萧云叶落盘面，粟粟霜卜为缕衣。楚橙作虀香出屋，宾朋竞至排入扉。呼儿便索沃腥酒，倒肠饫腹无相讥。逡巡瓶竭上马去，意气不说西山薇。”

也有朋友赠送鱼脍给梅尧臣，他在一首答谢诗《答持国遗魦鱼皮脍》中写道：“海鱼沙玉皮，翦脍金齑酽。远持享佳宾，岂用饰宝剑。予贫食几稀，君爱则已泛。终当饭葵藿，此味不为欠。”

诗名中的“皮脍”，听起来很新鲜。揣摩梅尧臣的诗句，这是一种用鱼皮制作的冷食，只是滋味究竟如何，我们已不得而知了。

鱼脍与肉脍要想鲜美可口，调味品是必不可少的，古人称之为“脍齑”。《设脍示坐客》中的一句“楚橙作虀香出屋”，说的就是调料。还有一种“八和齑”，是用八种物料调制而成的一种调味品，其中的八种原料分别是蒜、姜、橘皮、白梅、熟粟黄、粳米饭、盐和醋。

不知道从什么时候开始，生脍的调料中出现了芥辣汁。《事林广记》[1]中记有宋代鲫鱼脍的制法：收拾干净鲫鱼，去掉头尾，切成薄片，摊到纸上晾一晾，再进一步切成细丝，与姜丝相拌，放入盘中，摆出花样，再用香菜点缀。吃的时候，浇一点芥辣汁。这里没有提到别的脍齑，与过去的吃法相比有一些变化。

芥辣汁如何制作，《遵生八笺》里介绍了两种方法。其中一种简单的方法是把芥菜子碾成细末，用水调和之后，再用细密的

1 一部日用百科型的古代民间类书。编者南宋陈元靓。

绢布挤出汁水，放置在阴凉的地方保存。食用之前再加入适量的酱油和醋调匀。

芥辣汁在鱼脍中的作用很关键，梅尧臣在一首《江邻几馔鳅》中就说过：“乃知至贱品，唯在调甘辛。”他的朋友江邻几请他吃泥鳅，泥鳅鱼又滑又难收拾，煎煮出来又苦又腥，味道很不好，所以梅尧臣平时根本不吃。结果江邻几把泥鳅制成了鱼脍，再请梅尧臣来品尝，吃到嘴里感觉比鲤鱼还要好。不得不说，其中的调料发挥了非常重要的作用。

《事林广记》中那一款宋代的鲫鱼脍，切脍剩下的鱼头、鱼尾，也没有被丢弃，把它们与白菜一起下锅，加入姜、盐，做成羹汤，汤中可以加入一点醋。等到吃过生脍之后，再来享用这一道热腾腾的、鲜美的头尾白菜汤，感觉无比畅快。

这是古代经典的一鱼两做。有人把这称为“汤脍羹”，这种热烫的羹汤，可以减少生鱼脍对人可能造成的伤害，特别是汤中加入的食醋，有利于灭除生鱼、生肉中的细菌。

梅尧臣诗写得很好，名满天下，但三十几年的时间里，一直没有得到像样的官职。到了晚年，梅尧臣终于有机会参与欧阳修主持的《新唐书》的编修工作。可惜《新唐书》刚刚修成，还未及上奏梅尧臣就病逝了，人生最后一个愿望也算不上实现。

比较有意思的是，每有朋友到一个新的地方去当官，梅尧臣就会写诗赠别。这类诗中经常会提到当地的美味，显然梅尧臣比较注重饮食，也十分了解各地风物。

也许这就是那个时代的文人美食家的必备能力吧。

**

欧阳修在《归田录》中说，梅尧臣活着的时候，官职不高，家里非常穷。有一次欧阳修去梅家做客，梅尧臣拿出的酒，味道醇绵，不同寻常。欧阳修感觉奇怪，依照梅尧臣的家境，根本买不起这样的好酒，便打听这些酒的来历，原来是某位皇亲仰慕梅尧臣的诗名，送给他的。

这则逸事说明，尽管梅尧臣家境贫寒，却还是有机会品尝顶级美味的。而欧阳修能直接询问好酒的来历，也显示二人的关系确实十分亲密，彼此无话不谈。

人在穷困当中的时候，肠胃还没有被油脂腻住，半饥半饱的时候，肠胃的活动也会非常旺健。这种“营养不良”的状态在梅尧臣的诗中也能找到，他把其描述为“老饥瘦腹”。这种时候，人是最馋的，舌头也会更敏感一些，能从朴素的食物当中品咂出细微的香甜滋味。

因此，出现在那些生活不怎么富裕的文人笔下的食物，看上去总是那么美味，虽然有一些想象和夸张的成分，但也是他们真实的感受。如果我们真正按照他们的描写做出同样的食物，吃起来恐怕多多少少会感觉到失望。

人总是倾向于关注自己缺少的东西，因此梅尧臣书写美食的诗很多，比如一首《江邻几邀食馄饨学书谩成》：“老饥瘦腹喜食热，况乃十月霜侵肤。与君共贫君饷我，吹齑不学屈大夫。前时我脍斫赪鲤，满坐惊睨卒笑呼。诚知举箸意浅狭，一餐岂计有与无。”

一对清贫的朋友，我请你吃鱼脍，你请我吃馄饨，也算相宜。梅尧臣是南方人，鱼脍之外，当然也喜欢吃糟货，比如糟鱼、糟姜。他在一首《糟淮白》中写：“寒潭缩浅濑，空潭多鲌鱼。网登肥且美，糟渍奉庖厨。”鲌鱼是一种淡水鱼，一句“肥且美”足够显示梅尧臣对它的爱了。

寒潭缩浅濑，空潭多鲌鱼。
网登肥且美，糟渍奉庖厨。

另一首《杨公懿得颍人惠糟鲌分饷并遗杨叔恬》，是别人送了梅尧臣一些糟鲌：“头尾接清淮，淮鱼日登网。吴莼芼羹美，楚糟增味爽。云谁得嘉贶，曾靡独为享。乃知不忘义，分遗及吾党。”

糟鱼之外还有螃蟹。朋友吴正仲送给梅尧臣一些活螃蟹，吃过之后，他当然还要写诗：“年年收稻卖江蟹，二月得从何处来。满腹红膏肥似髓，贮盘清壳大于杯。定知有口能嘘沫，休信无心便畏雷。幸与陆机还往熟，每分吴味不嫌猜。”

螃蟹这样的美味，任何时代的人都喜欢吃，北宋时候的人当然也不例外。欧阳修在《归田录》中提到一个笑话，杭州有一位姓钱的官人，曾经想在外地谋得一个职位。别人问他想去什么地方，他提出两点标准，一是那个地方要出产螃蟹，另外一条，是那个地方不要有通判。

这位钱官人是杭州人，天然地喜欢吃螃蟹，所以他要找个有螃蟹的地方。至于他提到的第二个条件，和北宋的官制有关系。北宋为了加强中央对地方的控制，在州府一级设置通判一职，负责监督地方事务，与州府的最高长官之间不是直接的隶属关系。一些重要的命令需要知州、通判共同签属，才能生效。因此，通判经常和知州、知府闹矛盾，各不相让，地方官吏因此比较讨厌通判。

钱官人要找一个有螃蟹的地方比较容易，要找一个没有通判的地方，只是一种无法实现的奢望。

***

五代时期的割据状态，大大影响了各地之间物资的交流。北宋建立后，情况有所改善，不过，与隋唐时期相比，北宋的疆域大大缩小。这种影响，在饭桌上也能体现出来，当时的食材不够丰富，生活在中原的人很难得到东北、西北、东南等地的特产。

在一首《初食车螯》中，欧阳修也写到了这一点："累累盘中蛤，来自海之涯。坐客初未识，食之先叹嗟。五代昔乖隔，九州如剖瓜。东南限淮海，邈不通夷华。于时北州人，饮食陋莫加。鸡豚为异味，贵贱无等差。自从圣人出，天下为一家。南产错交广，西珍富邛巴。水载每连舳，陆输动盈车。"

车螯实际上是蛤蜊的一种，《梦溪笔谈》中又把它称为魁蛤。欧阳修和朋友们一边吃着鲜美的车螯，一边感叹疆土的变迁。从欧阳修的描述来看，他所吃的车螯外壳绚丽："此蛤今始至，其来何晚邪。螯蛾闻二名，久见南人夸。璀璨壳如玉，斑斓点生花。含浆不肯吐，得火遽已呀。共食惟恐后，争先屡成哗。但喜美无厌，岂思来甚遐。多惭海上翁，辛苦斫泥沙。"

和欧阳修一起吃车螯的可能还有梅尧臣，因为他写有一首《永叔请赋车螯》，称它"素唇紫锦背"，一边剥食，一边饮酒，很是惬意。"翰林文章宗，炙鲜尤所爱。旋坼旋沽饮，酒船如落埭。殊非北人宜，肥羊啖脔块。”

素唇紫锦背，浆味压蚶菜。
海客穿海沙，拾贮寒潮退。
王都有美酝，此物实当对。
相去三千里，贵力致以配。
翰林文章宗，炙鲜尤所爱。
旋坼旋沽饮，酒船如落埭。
殊非北人宜，肥羊啖脔块。

梅尧臣也收到过朋友从远方寄来的车螯蛤蜊，因此写下一首《泰州王学士寄车螯蛤蜊》，这里把车螯、蛤蜊并列，说明当时朋友送的不止一种蛤蜊。梅尧臣夸赞车螯、蛤蜊美味，而且烹制方法简单。问题是家中贫困，偶尔得到的美味，梅尧臣当然不能独享，要让妻女一起食用。吃的过程之中，女儿还仔细剥取车螯壳，准备拿它来做胭脂盒，说明对于梅家来说，这种食物非常罕见。

欧阳修的《初食车螯》中有一句“但喜美无厌，岂思来甚遐”。有论者认为语句比较牵强，句式上与梅尧臣的一句诗相似，却不如梅诗那么切题。

梅尧臣的那句诗是：“皆言美无度，谁谓死如麻。”诗的主题说起来有点可怕，是关于河豚的一首《范饶州坐中客语食河豚鱼》。开头两句就显出梅尧臣语句的精练，也可以看出他对河豚鱼相当熟悉：“春洲生荻芽，春岸飞杨花。河豚当是时，贵不数鱼虾。”

暮春季节，大群的河豚鱼游在水上，以飘落的柳絮为食。此时的河豚鱼肉质最为肥美，而且南方人用荻芽与河豚一起制作羹汤，鲜美异常。但是，如果处理不当，河豚却可以夺人性命，“忿腹若封豕，怒目犹吴蛙。庖煎苟失所，入喉为镆铘。”

北宋大文豪苏东坡也极喜欢美味的河豚鱼，他曾经写下过“似闻江鳐斫玉柱，更洗河豚烹腹腴”。苏东坡自己解释这句诗，说他最喜欢荔枝，认为它厚味高格，如果要拿别的食物来比较，只有江瑶柱和河豚鱼与荔枝相近，由此可见苏东坡对河豚的喜爱。

苏东坡不太相信河豚会夺人性命，所以在另一首诗中说："粉红石首仍无骨，雪白河豚不药人。"也许并不是不相信，而是认为河豚的滋味太美，值得拿性命去冒险尝试。

《闻见后录》就记载，有一次官员们在资善堂聚餐，席间苏东坡一直在夸赞河豚鱼的美味，吕元明好奇，问河豚鱼到底什么滋味。苏东坡想了想，感觉无法用语言描述那种味道，只好说："值那一死。"

这大概是对河豚鱼的最高评价。下一次聚会，苏东坡又大赞猪肉的美味，范淳甫说："猪肉是好，可是容易引起风疾。"苏东坡笑道："淳甫诬告猪肉。"

苏东坡贪吃，对待河豚的态度称得上潇洒，但别人并不是这样。李公择就从来不肯吃河豚，他的理由有点奇怪，说得也很严重："河豚非忠臣孝子所宜食。"

苏东坡与李公择对河豚的不同态度，《能改斋漫录》的作者吴曾有过精当的评价，他说："由东坡之言，则可谓知味；由公择之言，则可谓知义。"通俗点说就是：在食用河豚的问题上，苏东坡的态度是一个吃货的态度，李公择的态度是一个义士的态度。

到了明代，人们对于河豚鱼的认识更全面一些。《闽中海错疏》中仔细描述了河豚的体貌，说它无腮无胆，鱼肝与鱼子最毒，烂人肠胃。把河豚与荻芽或者橄榄一同烹煮才能食用，滋味至美。

至于河豚的烹制，《竹屿山房杂部》中说，河豚适合酱烧和清烧。先把河豚彻底洗净，去掉眼、尾和鱼子，放净血水，摘除河豚体内的毒源，再把河豚肉切为块。锅中加入少量水，放入鱼块煮沸。再加入甘蔗、芦根和荔枝壳。前两样可以克制河豚之毒，后一样可以让河豚的骨刺酥软。锅中续水，再次煮沸。此时才开始加入调味料调和，比如酱、醋、葱、胡椒、川椒等，炖煮之后就可以出锅了。

苏东坡还有一首诗提到了河豚，更为著名："竹外桃花三两枝，春江水暖鸭先知。蒌蒿满地芦芽短，正是河豚欲上时。"

竹外桃花三两枝，春江水暖鸭先知。
蒌蒿满地芦芽短，正是河豚欲上时。

河豚鱼是一种适合写诗的食物，这一点有点像螃蟹、黄雀鲊等。另外还有鱼脍和肉脍，从活鱼、鲜肉，到缕切堆盘，再到脍齑，中间的过程都能提供给诗人许多可写的东西。

但并不是每一种食物都适合写诗，比如一起吃炖肉，或者一起吃卤货杂碎，拿来写诗就不太容易下笔。

东坡肉

〇三

苏轼

宋

苏轼（1037—1101），字子瞻，号东坡居士，世称苏东坡、苏仙、坡仙，汉族，眉州眉山（今四川省眉山市）人。北宋文学家、书法家、美食家、画家，历史治水名人，苏洵之子，唐宋八大家之一。与黄庭坚并称『苏黄』；与辛弃疾同为豪放派代表，并称『苏辛』；与欧阳修并称『欧苏』。

*

能把苏轼与美食结合起来的，是一道名气很大的菜，东坡肉。

东坡肉的做法并不复杂：肥瘦相间的猪肉切成大方块，入锅内，加上酒、糖等调料，小火焖炖，吃起来香烂不腻。

东坡肉这道菜是在苏轼身后才出现的，最早是在何时，无法考证。确切的文献显示，东坡肉在明代晚期已经出现。《万历野获编》[1]中有一条“物带人号”，列举以苏轼命名的事物，包括“东坡椅”，指的是带有靠背的胡床，“东坡

1 此书为明朝沈德符撰写的历史笔记，书中所记载的都是作者耳闻目睹的亲身经历，所以叙述有些史事较《明史》更为详细，可以补充正史中的缺失错误。

巾”，指的是四角装有衬垫的巾帻。而“东坡肉”，指的是“肉之大胾不割者”，也就是大块煮肉。

清代的李渔在《闲情偶寄》中提到过这一道东坡肉，比他稍晚的另一位清代美食家梁章钜也提到了这道菜，指出当时的做法很简单，对这道菜的定义也很宽泛，凡是把猪肉煮得烂烂的，都可以称为“东坡肉”。制作过程之中，不同的厨师会有不同的发挥。《清稗类钞》中提到过东坡肉具体的做法，就是把猪肉切成大小合适的长方形，入锅，加入酱油与料酒，煮到极烂之时，无齿的老年人也能够食用。

清代一直有人认为，东坡肉这样的菜名，是对苏轼的一种侮辱。但梁章钜与李渔的看法一样，认为是苏轼“自取之也”。

把一道好吃的猪肉菜，用苏轼来命名，虽然二者关系不大，却也不是毫无联系。分析一下苏轼关于美食的诗文，可以看出他最喜欢吃的就是肉。

早年在做凤翔府判官的时候，苏轼住在岐下，听说河阳那边的猪肉好吃，便专门派人前去购买。买到的当然是活猪，要一路赶回到岐下。不过，在返回的途中出了一点差错，苏轼派去的买猪人半路上喝醉了酒，夜里睡得太死，那些河阳活猪们跑掉了。买猪人害怕回去无法交差，就在附近另外买了几头活猪，赶回了岐下。

苏轼得到大名鼎鼎的“河阳猪”后，特意把一些朋友请过来一起品尝。大家吃过，都夸这些河阳猪肉确实味道不一般，比别处的猪肉好吃。后来买猪人的秘密败露出来，大家都感觉十分尴尬。

苏轼真正大吃特吃猪肉，是在他被贬往黄州的时期。当年苏轼担任湖州知府时，写诗讽喻朝政，御史李定等人收集他的诗句，认为他有“讪谤”之罪，把他下入御史台的监狱，严加拷问，意欲置之于死地。幸亏宋神宗爱惜苏轼的才干，将他释放。元丰三年初，苏轼被贬为黄州团练副使，这一年他四十五岁，正当壮年。

在写给王定国的一封信中，苏轼详细介绍了自己在黄州的生活。初到黄州，苏轼寄住在定惠寺之中。他每天到外面的溪边钓鱼，到山中采药以自娱，当地的食物又很丰盛，虽是被贬，但日子过得还算不错，自称“顽健”。

后来家眷们来到黄州，日常的开支大增，苏轼的生活便不再潇洒，需要仔细算计。苏轼使用的方法非常有意思：每个月的初一，他数出四千五百文钱，作为这一个月的开销之用；再把这些钱平分成三十串，一串一串悬挂到高高的屋梁之上；每天早上苏轼用一根特制的长杆子从梁上挑下一串钱，作为这一天的费用，然后他就把那根长杆子藏起来。如果这一天花下来，一百五十文钱还能有些剩余，就存入一个大竹筒中，留着款待客人的时候使用。

比较幸运的是，黄州物产丰富，所以当地的物价很便宜。羊肉的味道和北方的羊肉一样鲜美，猪肉、牛肉、鹿肉的卖价极低，水产中的鱼和蟹干脆不要钱。因此苏家人一个月的花销不需太大，就能保证每天都吃到肉。对于苏轼这样喜欢吃的人来说，简直如同进入天堂。

肉食方面，苏轼在黄州吃到的是一种黄猪，从他的描述看，应该属于那种散养的家猪，自由活动，自己觅食，基本上处于半野生的状态，所以肉价极低。今天我们吃到的猪肉，大部分来自规模化的养殖，猪的品种也经过了多次的筛选和杂交，产肉量大而且肉质肥，苏轼吃过的那种黄猪恐怕已经找不到。究竟哪一种猪肉更好吃一些，无法比较。

但要让猪肉好吃，重要的一点是尽量煮得熟烂。苏轼的猪肉吃得多了，自然有这方面的经验，他写过一篇《猪肉颂》："净洗锅，少着水。柴头罨烟焰不起，待他自熟莫催他。火候足时他自美。黄州好猪肉，价贱如泥土。贵人不肯吃，贫人不解煮。早晨起来打两碗，饱得自家君莫管。"

这一段颂，算得上是苏轼关于煮肉的经验之谈，其中最关键的一点是小火慢炖，锅中不要加水太多，这些也是后来烹制东坡肉的诀窍。这里苏轼特别提到了当地猪肉的价格非常低，富人不屑于吃它，穷人顾不上吃它，正好便宜了苏轼这样的老饕。

对于苏轼这样一个讲究吃的人来说，有肉吃，而且烹制方法得当，这种生活就是惬意的。

**

团练副使是一个闲职，整日无事，没有实权，当然也就不必负什么责任。政治上的失意，反而让苏轼得以尽情享受生活，所以他在黄州的日子算得上舒心，"与田父野老，相从溪山间"。

后来苏轼在一个名叫东坡的地方建造房屋，并因此自号"东坡居士"。之后又在住处附近开了几十亩荒地，买了一头牛，亲自耕种。当年收获大麦二十石，当时家里的大米正好吃尽，苏轼就让仆人把大麦舂过，用来蒸饭。麦粒蒸熟之后，颇有韧性，咀嚼的时候“啧啧有声”，苏轼的小孩子们笑称好像是在“嚼虱子”。

大麦粒还可以煮粥，用浆水淘食，吃到嘴里“甘酸浮滑，有西北村落气味”。又可以与小豆一起蒸饭，苏轼夫妇戏称之为“新样二红饭”。

苏轼在东坡居住的时候，曾经亲自下厨，做了一道鱼羹款待客人，大受好评。后来苏轼在做杭州知府的时候，吃遍了当地的美味，久而生腻。于是在宋哲宗元祐四年十一月二十九日，和仲天贶、王元直、秦少章等几位朋友聚餐时，苏轼再一次大显身手，亲自做了一道鱼羹。朋友们吃得爽快，大赞鱼羹不同凡响，“超然有高韵”，不是普通的厨师能做出来的。

紫蟹鲈鱼贱如土，得钱相付何曾数。
碧筒时作象鼻弯，白酒微带荷心苦。
运肘风生看斫脍，随刀雪落惊飞缕。
不将醉语作新诗，饱食应惭腹如鼓。

和所有的美食家一样，苏轼还喜欢食蟹，他在一首《饮酒》中写道：“左手持蟹螯，举觞瞩云汉。天生此神物，为我洗忧患。山川同恍惚，鱼鸟共萧散。客至壶自倾，欲去不得闲。”

另一首《丁公默送蝤蛑》中写：“溪边石蟹小如钱，喜见轮囷赤玉盘。半壳含黄宜点酒，两螯斫雪劝加餐。蛮珍海错闻名久，怪雨腥风入座寒。堪笑吴兴馋太守，一诗换得两尖团。”

苏轼任职的许多地方都出产螃蟹，让他有条件大饱口福：“紫蟹鲈鱼贱如土，得钱相付何曾数。碧筒时作象鼻弯，白酒微带荷心苦。运肘风生看斫脍，随刀雪落惊飞缕。不将醉语作新诗，饱食应惭腹如鼓。”

“饱食应惭腹如鼓”，肥肉和鲜蟹吃得多了，营养过剩，人就容易肥胖，苏轼也不例外。黄州安逸、闲散的生活和丰足的饮食，带来的一个看得见的结果就是苏轼的体格逐渐胖大起来。到了元符三年八月，苏轼给自己写下一份节食的誓言，规定每餐饭只能喝酒一杯，吃肉一盘。如果需要宴请宾客，最多只能三倍于此：

东坡居士自今日已往，早晚饮食，不过一爵一肉。有尊客盛馔，则三之，可损不可增。有召我者，预以此告之，主人不从而过是者，乃止。

对于一个肥胖者来说，这个节食的誓约似乎太过宽松。苏轼给出的节食原因一共有三点，分别是养福、养气和省钱，细说起来很有意思：“一曰安分以养福，二曰宽胃以养气，三曰省费以养财。”

当然，苏轼并非只对肉类感兴趣。条件不好的时候，他也能用身边的简单食材做出美味。在黄州的时候，他就做过一道素羹，材料中没有鱼、肉等荤腥之物，只用到白菜、蔓菁、萝卜、荠菜等青菜。蔓菁，又名芜菁、大头芥，根茎有点像萝卜。

全部原料切碎之后，揉洗多遍，去除辛苦之味。在锅的边缘涂抹上生油，锅中加水烧热，加入备好的青菜，同时放入一些米和生姜。

等到青菜的生菜气出尽，在上面放上蒸饭的甑子，实际上，是用菜羹的热气蒸饭。在锅的边缘涂抹生油，是防止菜羹冒涌上来。最终，饭熟的时候，菜羹也已经烂熟。这些素羹没放调料，吃的完全是菜蔬的本味。要说它有多么美味，大概也没有，只能说是苏轼苦中作乐的一个实例。羹汤“不用醯酱，而有自然之味”，且材料简单易得，苏轼把它命名为“东坡羹”，还专门做了一篇

《东坡羹颂》。

东坡羹中用到的萝卜，又称芦菔，是苏轼比较喜欢的一种素菜。在一首《狄韶州煮蔓菁芦菔羹》中他表达了自己对这些素菜的喜欢，还戏言不要把这种美味告诉那些富贵之人：“我昔在田间，寒庖有珍烹。常支折脚鼎，自煮花蔓菁。中年失此味，想象如隔生。谁知南岳老，解作东坡羹。中有芦菔根，尚含晓露清。勿语贵公子，从渠醉膻腥。”

此外还有竹笋。苏轼在杭州的时候，他的朋友钱勰把自己新刻的一部书寄给苏轼，同时附寄了一些竹笋。钱勰就是钱穆父，龙图阁学士，元祐初年做过开封知府。

苏轼回信表达谢意，同时附上自己琢磨的一道菜，名为“笋鳜”，让钱勰与夫人尝试一下。这道菜以鳜鱼、竹笋为主，蘑菇、菜心为辅，把新鲜的鳜鱼与竹笋、蘑菇和菜心一起清炖，将姜汁、萝卜汁与酒等量调和，再加入适量的盐，然后把配好的调料撒入锅中。都是味道鲜美之物，共炖一锅，形成一种更为复杂的鲜美，其妙处难以想象，只有食客的舌头知道。

而且，拿一道菜谱做礼物送给朋友，雅而有趣，如果两个人都是吃货，这其实是最好的礼物。

***

宋哲宗绍圣初年，苏轼受到政敌的指责，认为他的许多文字“讥斥先朝”，被连贬至宁远军节度副使，惠州安置。节度副使和团练副使一样，有职无权，当时专门用来安置苏轼这种政治上被放逐的大臣。

苏轼前往惠州，他的小儿子和三个庖者陪伴身边，照料他的生活。所谓庖者，只是一种模糊的说法，不一定就是专职的厨子。这三个庖者当中就包括苏轼的小妾王朝云。后来朝云死的时候，苏轼在写给朋友的信中，称她为“庖婢”。

惠州位于岭南，北宋时期还属于僻远之地。但其实，惠州当地的一切并没有想象得那么差。比如当地出产亚热带的水果，如橘子、杨梅、荔枝等，其中滋味最美的要数荔枝。苏轼非常喜欢这种美味的水果，当荔枝成熟时，他会“就林恣食”——直接吃到了荔枝树下，当然感觉过瘾，于是写下了著名的诗句：“罗浮山下四时春，卢橘杨梅次第新。日啖荔枝三百颗，不辞长作岭南人。”

惠州是一个人烟稀少的地方，此时的苏轼手里还算宽裕，但饮食上并不如意。当地每天只杀一只羊，但羊肉都被官员买去。苏轼人地生疏，当然不敢和他们争抢，又不能克制食欲，于是逼迫自己想出了一个变通的方法。

苏轼告诉当地的屠户，每天宰羊之后，把剔净羊肉的脊骨给他留着，因为羊骨的缝隙之中总会留下一些肉屑。羊肉骨头买回来之后，苏轼让仆人把它煮熟，淋上一点酒，撒上盐，再拿到火上微微烤一烤，便可以享用。

吃这种羊肉骨头一定要有耐心，容易吃的地方，大口去啃。但更多的地方要像吃螃蟹一样，仔细把骨缝中的碎肉剔出来。这费时费力的一道美味，有时候要消磨掉苏轼一天的时间，但他吃得很满意。

这种骨中羊肉，苏轼大概每三五天就要吃一次。由此可以看出，苏轼是一个馋人。吃剩的羊骨头当然丢给狗吃，只是那些羊骨头早已经被苏轼连啃带剔，收拾得干干净净，半点肉屑也没有给狗留下，所以苏轼很风趣地认为“众狗不悦”。

有一段日子，苏轼的痔疮发作，只好克制饮食，断酒断肉，每餐只吃一点淡面。对于一个吃家来说，这样的生活简直生不如死。于是苏轼给自己找到了一样好食物，名为“胡麻茯苓麨”。其制法，说起来大致相当于我们今天的黑芝麻糊。在写给程正辅的一封信中，苏轼详细介绍了这道美食的做法。

胡麻，就是黑芝麻，去皮之后，多次蒸曝。白茯苓去皮，捣烂过筛，成面粉状，加入少量白蜂蜜，与黑芝麻混合。长期食用，可以长力气。在戒肉戒酒的日子里，这种胡麻茯苓麨算是帮了苏轼一个大忙，他的痔疮也慢慢好了。

苏轼少时不喜杀生，那时始能做到不杀猪羊，但对于螃蟹、蛤蜊是例外，拿到活蟹、活蛤蜊，当然要放到锅里蒸熟，吃到肚子里去。

当初在湖州被投入牢狱之后，苏轼以为自己此生休矣，感觉如同“鸡鸭之在庖厨”。后来苏轼侥幸出狱，决心不再滥杀一物。再有朋友送给他活蟹、活蛤蜊，他都拿去放生，虽然他也明白，这些放生的活物，此去仍然难逃一死，他只是不想让它们死在自己手中。但苏轼也只能做到这一点，平常还是一样吃鱼吃肉，只是吃的是别人宰杀之后的死物。毕竟，对于一个馋人来说，要想彻底断除盘中鱼肉，难度太大。

为了表达自己的善意，苏轼在惠州买下一处地面，专门造了一处放生池，自己的钱不够，又向弟弟苏辙和程正辅募捐，希望他们二人各出十五千钱，不知最终是什么结果。

美食之外，苏轼还喜欢喝酒，所以朋友们送给他的礼物当中，经常包括美酒。但苏轼的酒量不行，喝一点就有些醺醺然。这种时候他经常会提笔给朋友写信，非常放松。在一首诗中他写道："我观人间世，无如醉中真。虚空为销殒，况乃百忧身。惜哉知此晚，坐令华发新。圣人骤难得，日且致贤人。"

浙江人把饮酒称为"软饱"，苏轼拿来用在自己的诗中。在一首《发广州》中写道："朝市日已远，此身良自如。三杯软饱后，一枕黑甜余。"

酒喝得多了，便会对造酒的方法生出兴趣，正好又有许多打发不掉的闲工夫，于是苏轼尝试自己酿酒。三十日做成，他还总结自己的经验，写了一篇《酒经》。

但自己酿酒，并不是每次都能成功，弄不好就会酸败。苏轼到底是诗人性情，缺少耐心，热情来得快，去得也快。轰轰烈烈地造酒，却不能像职业制酒者一样守规矩。所以苏轼造的酒很少成功。《避暑录话》[1]中还提到他的两个失败例子，一个是在黄州制作蜜酒，结果谁喝了谁闹肚子。

这种蜜酒本身就是苏轼想象的产物。苏轼喜欢甜食，喜欢喝蜂蜜，据他自己的说法，小时候每天能吃下五合蜜。他喜欢一种姜蜜汤，觉得"甘芳滑辣，使人意快而神清"。于是想到用蜂蜜造酒。可惜制作过程中蜂蜜变质，当然要让人喝坏肚子了。

另一次是在惠州，苏轼制作的是桂酒，酒成之后，味道很难

1　为北宋末年叶梦得所撰，书中多记北宋时期的朝野杂事，可考证经史、地理、诗文等。

闻。后来苏轼的儿子们谈起此事，还忍不住抚掌大笑。《避暑录话》总结苏轼失败的原因，主要是不够耐心，中间的许多步骤都没有按规矩来做，认为苏轼纯粹是闲的，造酒的根本目的是给自己找一个作诗作文的好题目。

这些事迹在苏轼的书信当中也能找到踪迹。在一封从惠州写给程正辅的信中，苏轼说自己“终日把盏”，但一天下来，也只喝了五杯左右。又说自己新近得到一种奇特的造酒法，做出的酒，色香味俱佳，想要提前做一些酒，将来送给程正辅品尝。

这种酒后来果然酿造出来了，但喝起来有一股难闻的酸味，搞得苏轼不好意思寄给朋友。这种带酸味的奇特之酒，大概就是惹他儿子们发笑的那种桂酒吧。

苏轼在惠州一共住了三年，虽然其间失去了心爱的小妾王朝云，但总体而言，日子过得还算舒适，心境也淡然，与当地的官员、百姓相处得很好。可惜，惠州并不是苏轼贬谪之路的终点站。贬谪之后还有贬谪，贬谪之地也一次比一次更偏僻。

苏轼从惠州被进一步贬为琼州别驾，住到了昌化，在今天的海南岛境内，古代称之为“儋耳”。在儋耳，苏轼的住处在军城以南，竹树环绕，狭小潮湿。在那种偏僻的地方，苏轼能够交往的对象极少，整日病倦不出，阖门面壁。

昌化当时虽然是一片荒僻之地，但气候炎热，物产与食物其实也不算少，可惜适合苏轼胃口的东西不多。最让苏轼难以忍受的是这里缺少肉食，当地土著人人吃老鼠、吃蝙蝠，在一首《闻子由瘦》中，苏轼写道：“五日一见花猪肉，十日一遇黄鸡粥。”

对于喜欢吃肉的苏轼来说，这种日子真是难熬。朋友们向困顿之中的苏轼伸出援手，寄送了不少物品，其中当然包括食物，比如酒、米、茶、酱、姜、糖、药等等，苏轼自然欢迎。

苏轼的小儿子苏过一直陪伴在他的身边，艰苦生活之中，父子二人苦中寻乐。有一次苏过突然想出一个好主意，用当地的山芋来制作一种“玉糁羹”，没想到滋味奇绝。苏轼认为人间绝无此味，只应天上才有，于是提笔写诗一首：“香似龙涎仍酽白，味如牛乳更全清。莫将北海金齑脍，轻比东坡玉糁羹。”

苏轼和苏过在昌化买地盖房，以著书为乐，打算老死此地。宋徽宗继位之后，元符三年大赦，苏轼终于得以北还，最终在常州病逝，终年六十六岁。

苏轼后半生仕途坎坷，贬谪迁徙的事很常见。但也因此，苏轼大江南北到过许多地方有机会见识各地物产，品尝各地风味，算得上阅历丰富。他又是一个顽强、乐观的人，适应性极强，不论到了哪里，都能发现当地的美味，从中选择、调整，犒劳自己宽大的肚肠。

〇四

黄庭坚

宋

黄庭坚（1045—1105），字鲁直，号山谷道人、山谷老人、涪翁、涪皤、摩围老人、黔安居士、八桂老人，世称黄山谷、黄太史、黄文书公、豫章先生、金华仙伯。北宋分宁（今江西修水）人，著名文学家、书法家，江西诗派开山之祖。北宋大孝子，《二十四孝》中『涤亲溺器』故事的主角。

*

黄庭坚醉了，感觉身体燥热，口舌干涩。现在他很想面前能有一盘醒酒冰，可以大吃几口，那会让他的感觉好许多。

“醒酒冰”这个名字是黄庭坚的发明，还有一个更好听的名字叫作“水晶脍”，也就是我们常说的“肉冻”。

黄庭坚的酒瘾比较大，经常喝醉。一般人的经验是，醉酒之后食用一些清凉、素淡的食物，可以解酒。水晶脍就有这样的特点，所以是黄庭坚非常喜欢的一道菜，按照这道菜的特点，黄庭坚为其命名“醒酒冰”。

在《饮韩三家醉后始知夜雨》中，黄庭坚写道：“醉卧人家久未曾，偶然樽俎对青灯。

兵厨欲罄浮蛆瓮，馈妇初供醒酒冰。”

黄庭坚很狼狈地醉倒在这位被称为韩三的人家里，而且醉得不轻，“只见眼前人似月”，连坐在面前的人都看不太清楚，外面的雨声也听不到。主妇为了让他醒酒，端上来一盘肉冻，想必是很了解黄庭坚的历史，知道他一喝就醉，醉了就要吃肉冻，所以预先有所准备。

在诗后的小注中，黄庭坚带着几分自得，介绍自己是“醒酒冰”的发明者：“予常醉，后字‘水晶鲙’为‘醒酒冰’。酒徒皆以为知言。”

关于水晶脍的制法，《事物绀珠》[1]中的介绍比较细致：主要的材料是猪皮，首先把皮上的脂肪剔除干净，加水熬煮，过滤。过滤之后的汤汁凝结成冻状后，切片，加入调料，即可食用。

另一种制法是鱼鲜味的，主要使用鲤鱼皮，洗净熬煮至黏稠，把渣滓滤清，加入少量鱼鳔继续熬煮，然后再次把汤水滤清。接下去的步骤基本一样，汤水冷却之后凝结成冻。食用的时候切片，拌入一点青菜丝，浇入芥醋即可。

理论上说，含有丰富的胶原蛋白的食物都可以用来制作水晶脍，比如猪皮、猪蹄可做肉冻，鱼皮可做鱼冻。此外，元代的《居家必用事类全集》中还有一种素料的水晶脍，材料是琼芝菜：将泥沙清洗干净，用米泔水浸泡三天。用水轻煮，捞出，在盆中研磨至极细，然后再入锅煎煮，滤去残渣，冷却凝结之后，切片装盘，淋上醋料食用。

1 明代黄一正创作的类书，四十一卷，编成于万历十九年（1591），自天文、地理至琐言琐事，共四十六目。

无论材料是肉是鱼还是琼芝菜，如果汤水过滤得好，制成的冻子就会如同水晶一般晶莹剔透，“水晶脍”之名由此而来。宋代人在吃水晶脍的时候，切得比较细，宋代人韩维在一首诗中说：“凝如宝匣开明镜，散逐金刀落素丝。我为南来多内热，径呼玉箸尽三卮。”

水晶脍在北宋都城汴梁的夜市当中也有售卖。南迁之后，水晶脍又传到杭州，成为市面上常见的一道菜，还传到了宫廷之中，有所谓“红生水晶脍”等。张俊在家里款待宋高宗的时候，第十二道菜一共有两样，一个就是“鹌子水晶脍”，另一个是“猪肚假江瑶”。把这道菜安排在第十二道，是很讲究的，这个时候大家已经喝了不少酒，需要一点清爽的醒酒菜。

在黄庭坚的醉酒诗中，与醒酒冰相对应的是“浮蛆瓮”，其中的浮蛆，又称为“玉浮粱”“酒脂”，即酒液表面的白色泡沫。如“浮蛆翁翁杯底滑，坐想康成论泛盎”“户有浮蛆春盎盎，双松一路醉乡门”等，显然他是一个经常把盏痛饮的人。

喝酒当然要有佐酒的菜肴，而且最好要滋味浓重一些，比如黄庭坚喜欢吃的糟姜。这些糟姜一般都是朋友送的，黄庭坚照例要写信致谢，他的字非常好，后来这封信还被当成了珍贵的字帖：

庭坚顿首：承惠糟姜、银杏，极感远意。雍酥二斤，青州枣一蔀，漫将怀向之勤，轻渎不罪。庭坚顿首。

在写给黄靖国的一封信中，黄庭坚感谢对方送给他的糟姜，认为“是苏州真本，又饱糟而味足，大为嘉茹”。而黄庭坚生活的地方虽然也产姜，但制成的糟姜总是味薄。对于自己喜欢吃而且经常吃的食物，吃货总是非常挑剔的，不肯苟且、含糊。黄庭

水晶脍

坚对待糟姜，就是如此。

《东京梦华录》中，在相国寺东门外的街巷里，有一家“李庆糟姜铺”，说明京城中存在着大量的糟姜需求，主要的消费人群大概都是像黄庭坚这样的南方人士。宋朝的城市里除了这种专业的店家售卖糟姜，还有一些小贩沿街叫卖。小说《水浒传》中，郓城县里的唐牛儿，人称唐二哥，就是一个卖糟腌货的小贩，平时在街面上四处叫卖，同时给人帮闲。

宋江杀死阎婆惜后，阎婆惜的母亲不动声色，跟着宋江来到县衙外面，立刻拉住宋江大声喊人。宋江被吓得慌了手脚。此时恰好唐牛儿手里托着一盘洗净的糟姜，到县衙这边叫卖。看见宋江被困，立刻放下糟姜，上前来扯住老婆子，宋江趁机逃走。

糟姜的做法挺复杂：天晴的日子，收取鲜嫩的姜，阴干五天，用干布擦拭干净，千万不要着水。按照一斤姜、二两盐、三斤糟的比例混合，放入容器之中先腌七天。七天之后取出来，收拾干净，再准备一个新瓷罐，把两个核桃仁捣碎，铺撒在罐底。按照一斤姜、二两盐、五斤糟的比例混合，装入瓷罐之中。核桃仁可以减轻姜的辣味。还可以在糟中掺入一些栗子末，可以使姜无渣滓。然后封住罐口。

糟姜之外，黄庭坚还喜欢糟肉，并且亲自动手制作。糟肉是一种古老的食物，《齐民要术》中有其制法，大致是这样：酒糟之中加水，调成粥状，加盐调成咸味，把熏烤过的猪肉放到其中，保存在阴凉地方。糟肉一年四季都可以制作，特点一是味道独特，二是能够延长保质期，可以慢慢享用，此外颜色也会更好看。

问题是黄庭坚在制作过程中忘记了关键的一个步骤：糟中没有

放盐。他又迟迟没有发现，最后的结果是那些肉完全臭掉。

黄庭坚在这方面的能力和苏轼一样差，他可能是在北方吃不到故乡的糟肉，口中寡淡，馋急了，才要自制糟肉。可他忘了，并不是每一个吃货都有动手的能力。

**

邂逅相将倒一壶，看朱成碧倩人扶。
欲眠甚急须公去，能略陶潜醉后无。

黄庭坚，字鲁直，号山谷，又号涪翁，洪州分宁（江西修水）人。宋英宗治平四年黄庭坚考中进士，做过北京国子监教授，太和知县，宋哲宗时期，做过校书郎、著作佐郎等。黄庭坚才华出众，被称为“苏门四学士”之一，诗词、书法都被人们与苏轼并称。

个人生活方面，黄庭坚早年丧父，自己的官职也不算高，两个妻子，一个是孙兰溪，另一个是谢氏，一美一贤，都早早地弃他而去，命运实在算不上好，家境也十分平常，但这些并不影响黄庭坚的交际。

宋神宗熙宁元年，黄庭坚担任叶县尉，有一位赵姓朋友与黄庭坚相约，要带着美酒、带着山妓来拜访。两个人见面喝酒之后，黄庭坚当然又醉了，写了一首《谢赵令载酒》：“邂逅相将倒一壶，看朱成碧倩人扶。欲眠甚急须公去，能略陶潜醉后无。”

黄庭坚还为这次聚会做了准备，“买鱼斫脍”“扑杏供盘”。显然，鱼脍是黄庭坚喜欢的一道菜，而且他总是倾向于把河鱼制成鱼脍来吃。几年之后的熙宁四年，黄庭坚写了一首《张仲谟许送河鲤未至戏督以诗》。张仲谟答应要送给黄庭坚一些河鲤，黄庭坚自然大喜，备好美酒，只等鲜美的鲤鱼一到，立刻开吃。

但河鲤迟迟没有送到。馋人一般都有嘴急的毛病，想要的美食，恨不能立刻送进嘴里去。嘴急的诗人等不及了，竟然写了这一首诗前去催促："浮蛆琰琰动春醅，张仲临津许鲙材。盐豉欲催莼菜熟，霜鳞未贯柳条来。日晴鱼网应曾晒，风软河冰必暂开。莫误晓窗占食指，仍须持取报章回。"

一句"日晴鱼网应曾晒，风软河冰必暂开"，实在令人喷饭。一年之后的熙宁五年，黄庭坚到北京大名府担任国子监教授，其间了解到北方人吃鲤鱼脍的习惯。一条鲤鱼，最好的部分是鱼腹下面的最肥的那一部分，称为"腴"，一般都献给席上最尊贵的客人。想必这个部位的鱼肉软滑细嫩，滋味美好。在《次韵王定国扬州见寄》中，黄庭坚便写道："飞雪堆盘脍鱼腹，明珠论斗煮鸡头。"

和许多吃货一样，黄庭坚也喜欢食蟹，在《次韵师厚食蟹》中，黄庭坚回忆自己吃过的螃蟹，禁不住口水涟涟："海馔糖蟹肥，江醪白蚁醇。每恨腹未厌，夸谈齿生津。三岁在河外，霜脐常食新。朝泥看郭索，暮鼎调酸辛。趋跄虽入笑，风味极可人。"

在湖北的时候，偶然得到几只螃蟹，黄庭坚大喜，接连写诗三首，即《秋冬之间鄂渚绝市无蟹今日偶得数枚吐沫相濡乃可悯笑戏成小诗三首》，其中有"怒目横行与虎争，寒沙奔火祸胎成""解缚华堂一座倾，忍堪支解见姜橙"等句。

在黄庭坚的诗中，许多都与吃、与美食相关。这当中，与苏轼的唱和比较多。二人是文章大家，对吃又都很在意，两位大文豪在诗中谈吃，这本身就非常可观。当然，黄庭坚接触美味的机会，与苏轼不能相比。

苏轼在密州任职时，身边有一位赵明叔，胶西人，喜欢喝酒。因为家境不好，赵明叔喝酒时候毫不挑拣，准确地说是顾不上挑拣，只要有酒就喝。他有一句口头禅："薄薄酒，胜茶汤。丑丑妇，胜空房。"

苏轼很喜欢这句话，认为语句虽然俗鄙，内涵却颇为达观，于是自己写了两首《薄薄酒》。黄庭坚看到苏轼的两首诗，感觉有话要说，也写了两首《薄薄酒》，其中一首写道："薄酒可与忘忧，丑妇可与白头。徐行不必驷马，称身不必狐裘。无祸不必受福，甘餐不必食肉……丑妇千秋万岁同室，万金良药不如无疾。薄酒一谈一笑胜茶，万里封侯不如还家。"

苏、黄二人的诗传扬开来，当时许多人争相以"薄薄酒"为题，咏叹自己对人世的看法。

苏轼还写过一首《春菜》诗，罗列春天里的种种美食，并在诗的最后表达自己的心愿，戏说："久抛菘葛犹细事，苦笋江豚那忍说。明年投劾径须归，莫待齿摇并发脱。"

黄庭坚看到，和了一道《次韵子瞻春菜》，回忆自己在南方时最中意的吃食，从中可以看到他的喜好。诗的最后表达了一个吃货的愿望，与苏轼的愿望不谋而合："北方春蔬嚼冰雪，妍暖思采南山蕨。韭苗水饼姑置之，苦菜黄鸡羹糁滑。蓴丝色紫菰首白，蒌蒿芽甜蕻头辣。生葅入汤翻手成，芼以姜橙夸缕抹。惊雷菌子出万钉，白鹅截掌鳖解甲。琅玕林深未飘箨，软炊香杭煨短茁。万钱自是宰相事，一饭且从吾党说。公如端为苦笋归，明日青衫诚可脱。”

黄庭坚被贬到泸州时，吃到过当地的真珠菜和棕笋。真珠菜一般是长在水中的石头上，“翠缕纤蔓”，叶片的顶端生有圆形的蕊片，戎州、泸州等地的居民用蜂蜜熬食，或者用醋煮，可以长期保存。

黄山也有真珠菜，属于藤本蔓生，每年晚春发芽，叶片翠绿如茶，芽端有珠状的白色蕊片。连蕊叶一同腊制，滋味香甘鲜滑，胜过许多蔬菜。

黄庭坚在一封信中也介绍了一种真珠菜的吃法：洗净去掉腥气，加入适量葱白、生姜和花椒，在沸水中焯一下拿出。吃的时候要配调料，黄庭坚用的是五味齑，加醋，吃起来味道很好。大抵就是一道凉拌菜。

信中同时介绍了另一种菜，主料是棕花。棕花又称为棕笋、棕鱼，滋味又苦又涩，可入药，功效是止血、活血、止泻。一般的观点认为不可食用，有毒，但四川人、两广人用醋或者用蜜煮过食用。

黄庭坚的吃法是剥去外皮，加汤煮熟，锅中加油，把煮熟的棕花下入锅中炒香，加入葱、姜、椒等调料，再加入水和醋，煮开，最后加入盐和少量的酱。黄庭坚认为滋味甚美，“食之殊佳”。

黄庭坚恐怕是馋急了，这两样东西实在看不出好在哪里。特别是又苦又涩的棕花，从黄庭坚介绍的烹制方法来看，主要吃的是那些调料的味道。

作为四川人的苏轼对棕笋这种东西再熟悉不过，曾经把它作为礼物送给朋友，并且赋诗一首，即《棕笋》。第一句就是“赠君木鱼三百尾，中有鹅黄子鱼子。”

苏轼又把它称为木鱼，在诗序中他解释道：“棕笋，状如鱼，剖之得鱼子，味如苦笋而加甘芳。蜀人以馔佛，僧甚贵之，而南方不知也。”

苏轼对棕笋的评价是味道苦，每年正月、二月食用最合适，过期以后，苦涩不可食。食用的方法与竹笋差不多，蒸熟，可以用蜜、醋为调料，很耐保存。

***

一个读书人面对美食，应该有什么样的态度？黄庭坚曾经写过一篇《士大夫食时五观》[1]，对这个问题给出了自己的回答，其中前三条颇有道理：

第一，是要想一想食物来之不易，珍惜食物，“计功多少，量彼来处”。

第二，人的一生，“始于事亲，中于事君，终于立身”。一个人只有做到了这三点，才可以坦然享受美食。

第三，享受美食的时候，不要忘记养性，“美食则贪，恶食则嗔，终日食而不知食之所从来则痴”。

也因为有了这样的认识，黄庭坚超越了许多吃货，让自己进入到一个更高的境界。

有一次黄庭坚做东，请几位朋友在莲华亭喝酒，邀请的客人

1 《士大夫食时五观》是宋代黄庭坚所著的一部中医著作，明周履靖校。刊于明万历二十五年（1597）。现存版本见于《夷门广牍》，并见于《丛书集成初编》。

包括全甫、君赐、时当、元朴、子美、信中等几位。事先黄庭坚写信拜托全甫帮助他张罗，先交给他一千钱、二斗酒，不足的部分随后再送上。

按照黄庭坚的设计，宴会从早晨就开始，早饭的内容是几种包子，另外有肉汁粉和鏖鹅。另一顿酒菜更主要，大概要八九个菜，黄庭坚请全甫斟酌安排，务必要菜品精美。

鏖鹅，不知道是一道什么菜，黄庭坚事先已经委派给庖人制作，想必制作的周期比较长，比较复杂。六位客人，加上黄庭坚自己，美美地吃上一天，只需要一千多钱，显见当时的物价比较低廉。

不清楚这封信写在什么时候，但有心思请客，说明黄庭坚此时的处境还比较从容。自母亲去世之后，人过中年的黄庭坚厄运连连。宋哲宗绍圣初年，黄庭坚出任宣州知府改鄂州，随即被人指责在编修《神宗实录》时，用语多诬。于是被贬为涪州别驾，以后又贬到更荒僻的戎州。这些遭遇，其实与他早年间的少年轻狂多少有一些关系。

黄庭坚二十几岁就考中了进士，算得上少年得志，难免恃才傲物。可惜并不是每个人都喜欢他，比如富弼曾经对黄庭坚很好奇，希望早点见识一下，但见过之后并不喜欢，说黄庭坚“原来只是分宁一茶客！”

分宁是黄庭坚的故乡，那里出产一种好茶，名为双井茶，黄庭坚在朝野大力推荐，双井茶也因此声名远扬，成为名茶。想必黄庭坚在富弼面前也有一些类似的言论，惹得富弼不满。

黄庭坚平时比较喜欢开玩笑，无意之间可能就把人得罪了，他自己还不知道。《寓简》中说，黄庭坚与刘莘老丞相在一起做事，刘莘老是北方人，性格质朴。每天官府的厨师来问大家明天想吃什么，刘莘老总是带着浓重的乡音，随口说一句："来日吃蒸饼。"

黄庭坚比较讲究吃，希望饭桌上能多一些变化，刘莘老天天都是蒸饼、蒸饼，太简朴，太简单，让黄庭坚感觉受不了。

有一次大家一起喝酒，席间要行酒令，以三个字最终合成一个字，比如"戊丁成皿盛""玉白珀石碧""里予野土墅"。黄庭坚说的是："禾女委鬼魏。"规规矩矩。轮到刘莘老的时候，他还没来得及开口，黄庭坚抢着说："我替你答一个，来力敕正整，如何？"

"来力敕正整"的发音，正好与刘莘老经常用乡音说的"来日吃蒸饼"一样。众人大笑，刘莘老明白黄庭紧在取笑自己，当然很不高兴。

《挥麈后录》[1] 对这件事的记载有一点变化，被黄庭坚调侃的人变成了赵挺之。又说，赵挺之曾经说起家乡的风俗，最注重润笔，求别人书写一份碑志，酬谢非常丰厚，礼物要用车子来装。黄庭坚说："估计那些礼物都是萝卜、瓜、韭、蒜一类的东西。"

赵挺之，是山东诸城人，山东的萝卜、葱、蒜产量比较多，所以黄庭坚这样开玩笑。但这让赵挺之非常恼火。宋徽宗即位之初，黄庭坚的命运曾经出现过一线转机，被重新起用。此时的赵挺之已经做到了宰相，对黄庭坚很不客气，宋徽宗崇宁二年，黄庭坚被贬到宜州，就与赵挺之关系很大。黄庭坚被除名，羁管宜州，此时他已经六十岁，为自己早年的轻狂付出了沉重的代价。

1 《挥麈后录》是南宋著名史学家王明清的一部史料性质的笔记著作。

宜州位于广西北部，十分偏僻，黄庭坚接到这个消息的时候，人在鄂州，身体也一直不太好。鄂州地方官员陈荣绪对他很关照，接连送给他一些食物，其中就有鲜鱼。黄庭坚把它做成自己喜欢的生脍，并且写诗答谢，一首是《谢荣绪惠贶鲜鲫》：“偶思暖老庖玄鲫，公遣霜鳞贯柳来。齑臼方看金作屑，鲙盘已见雪成堆。”

偶思暖老庖玄鲫，公遣霜鳞贯柳来。
齑臼方看金作屑，鲙盘已见雪成堆。

陈荣绪不知从哪里得到一些獐肉，派人送给黄庭坚一些。病中的黄庭坚高兴得连写两首诗，其中“秋来多病新开肉，粝饭寒菹得解围”和“二十余年枯淡过，病来箸下剧甘肥”的诗句，显示他的生活一直比较清苦。

黄庭坚此时的状态实在太差，让人怜惜，另一位吴执中为他杀了家里的两只鹅，于是黄庭坚写了《吴执中有两鹅为余烹之戏赠》：“学书池上一双鹅，宛颈相追笔意多。皆为涪翁赴汤鼎，主人言汝不能歌。”

在宜州，黄庭坚饱受地方官员的迫害，不许他住在城里，凡是舒服一点的地方都不许他居住，他搬来搬去，最终只好住进一处简陋的小房中，周围一片混乱。

黄庭坚生性淡然，对于晚年政治上遭到的迫害和不公平的命运，泰然接受，平静面对。在自己破败的住处，他焚香安坐，花了三文钱买来一支鸡毛笔，用它给朋友写信，信中谈到眼前的困境，很坦然地说：“我本是农家子弟，当年如果没有考上进士，一定居住在乡间，住在这样的房舍里。”

○水晶脍○糟姜○糟肉○鲤鱼脍○真珠菜○棕笋○肉汁粉

○鏖鹅○亥卯未馄饨○未酉亥馄饨

《老学庵笔记》[1]中说，黄庭坚最狼狈的时候，曾经住到了宜州的城楼上，地方狭小，秋暑难当。有一天下过一场小雨，一下子清凉起来。黄庭坚高兴，喝酒喝到浅醉，坐在一把胡床上，从栏杆处伸出双脚，任雨水冲刷，一边回头喊着朋友范寥的名字，高声说："吾平生无此快也！"

困顿之中，黄庭坚不忘调整自己的饮食。《道山清话》中说，黄庭坚在宜州时，制作过一种亥卯未馄饨，从名字上推测，馄饨的馅料里应该有猪肉、羊肉和兔肉。又制作了一种未酉亥馄饨，猪肉、羊肉之中又加了鸡肉。

这两种馄饨，范寥都尝到过。一个吃货无论走到哪里，都随身带着自己的口腹之欲，他们会根据当地的食材，因陋就简，整治出别样的口味，也算是苦中作乐了。

不久，黄庭坚就死在了宜州，时年六十一岁。

1 《老学庵笔记》是南宋陆游创作的一部笔记，内容多是作者或亲历、或亲见、或亲闻之事，或读书考察的心得，是宋人笔记丛中的佼佼者。

饮膳正要

〇五

忽思慧

元

忽思慧，又译和斯辉，生卒年不详，元朝中期营养和食疗学家。元仁宗延祐年间忽思慧充饮膳太医，元文宗天历三年（1330）撰成《饮膳正要》一书。

*

在地上挖一个三尺深的土坑，四壁垒上石块，坑中烧大火，把四壁的石头烤红。一只宰杀过的羊，摆放在铁栅之上，放入土坑，坑顶盖上柳枝，再用土封住，直到整只羊完全烤熟。

这是元代饮食书《饮膳正要》中的一款柳蒸羊，记录的是蒙古人的正宗烤全羊，风格豪放简约。最让人吃惊的一点，是整只羊都是带着毛皮放入土炕之中，烤羊的土灶也非常简陋。

蒙古人的吃法太过原始，甚至没有提到如何填加调料，整只羊根本不做任何加工。这与远古的吃法相近，古代烧烤有三种形式，分别是炮、燔、炙。其中炕火为炙，是指用物体把肉串起，架到火上烘烤。

明代的《竹屿山房杂部》中提到两种炕羊的制法，第一种其实就类似于柳蒸羊。第二种做法就要讲究许多：借助土坡，砌造一个大炉膛，四壁用石块或者砖，下面留出一个灶口。木柴在炉中燃烧，烤红四壁。选用肥嫩的羊，宰杀整治。用盐和花椒、地椒、葱末等制成调料，内外彻底涂抹。

用一种特制的铁具束住羊腹，另一个铁具牵住羊头，再用铁钩子把整只羊倒挂着，悬在灶中间。灶底安放一只铁锅，里面填满湿土，灶口用另一口锅封住。灶下面的开口可以填装燃料。也可以把调味材料塞入羊肠中，再把羊肠缠绕在羊身周围。大约需要烘烤一整夜的时间。

另一种制法相对简单，两口锅互相扣合，加工好的一只羊放入其中，放入炉中烘烤。差别是，两种做法中都没有用到柳叶来蒙盖羊身，所以原本“柳蒸羊”的名字也就用不上了。

《饮膳正要》是中国古代一部重要的饮食著作，作者名叫忽思慧。

忽思慧在元仁宗延祐年间成为饮膳大臣，此前元世祖忽必烈时代，在宫中设立饮膳太医这个职位，一共有四人，专门负责皇帝的饮食。他们精通医学，同时了解各种食物的特性，每天挑选那些无毒、无相克、可久食、能补益的食物，调和五味，制成精美的饮馔，供给皇帝享用。

元朝疆域辽阔，各方物产差异巨大。地方上贡献的食物汇集皇宫内苑，虽然都是珍贵之物，但性质各不相同，如果食用不当，反而会损害健康。所以，当时内宫里有一套严密的饮食程序，皇帝喝酒用的酒杯，必须是沉香木、沙金和水晶等材质。御前供奉之人，各有专职，食物和器具都记录在案。

元世祖忽必烈饮食得法，活得高寿。于是忽思慧总结前代宫廷御用的饮食、奇珍异馔、药剂配方，外加谷肉果菜等等，汇成三卷本的《饮膳正要》。他的上司、赵国公普兰奚也参与编著。完成之后，由普兰奚献给元文宗图帖睦尔。希望元文宗借鉴前人的饮食经验，注重养生，顺应气候，弃虚取实，以保护圣体。

从忽思慧的写作动机来看，《饮膳正要》的主要目的不是引导皇帝享受甘肥厚味，而是养生益寿，故而书中的许多饮食都要注明其功效，哪种食物可以补中益气，哪种食物可以治疗郁结不乐，等等。

因此，《饮膳正要》已经超越了普通的饮馔书，称得上古代一本专门的营养学著作，也是一本食疗书，一本养生书。其独特之处，首先在于它对汉蒙各民族养生、卫生知识的融合与汇总，从饮食的角度，专论食物对人的影响。

“食疗”“食治”的概念，唐代医学家孙思邈很早就提了出来：“为医者，当须先洞晓病源，知其所犯，以食治之。食疗不愈，然后命药。”

不过，在《饮膳正要》之前，还没有哪部著作如此专门论述饮食的医疗效果，记录如此多样的食疗方剂，细述制法和主治功效。

比如，鸡是最常见的食材，《饮膳正要》第三卷中详述各种鸡的药效：丹雄鸡，补虚，温中，止血；白雄鸡，可以安五脏、治消渴；乌雄鸡，止痛，除心腹恶气；乌雌鸡，对腹痛、伤折骨疼、产妇无奶水等有效；黄雌鸡，可以治疗消渴、小便频密、水肿、泻痢等。

第二卷“食疗诸病”一条下，列举了几款以鸡为主的食疗菜。比如乌鸡汤、炙黄鸡、生地黄鸡等。生地黄鸡是一道药膳，主料用一只乌鸡，整治干净后将生地黄细切，拌糖，装入鸡腹。用铜制的碗盘盛鸡，放到蒸锅中蒸熟，吃肉喝汤。注意不能加盐醋等调料，主治腰背疼痛，骨髓虚损，不能久立，身重气乏，盗汗，少食等病症。

《饮膳正要》中当然也有不强调疗效的鸡菜，比如攒鸡儿、芙蓉鸡等。芙蓉鸡的主料是小鸡，煮熟之后，手撕拆开。将羊肚、羊肺煮熟切碎，一齐摆入碗中。生姜、胡萝卜切片，鸡蛋煎熟成饼之后刻花，香菜切碎，与杏泥一起，投入肉汤之中。可以加葱、醋等调味，也可以加胭脂或者栀子，调出颜色，浇到肉碗之中。

家兔与此类似。《饮膳正要》认为兔肉无毒，味辛平，无毒，可补中益气。但兔肉不宜多食，多食会损阳事，绝血脉，令人痿黄。另外，兔肉不能与姜、橘、鸡肉、芥末等同食，不可在二月食用，令人伤神。其中的一些禁忌在如今看来并不合理，许多还近于荒诞。

书中的兔菜只有一款盘兔：两只兔子整治干净，切块。两个萝卜，切块。羊尾，切片。几种材料放入锅中炒过，加入适量的料物，再加葱、醋等调料，最后下入一些粉丝。

元代无名氏编写的《居家必用事类全集》中也有一款盘兔，做法有些差别，不知道哪一种做法是原创。书中还有一款酿烧兔：兔子整治干净，卸去四条兔腿，将兔腿肉切成肉丝，肥羊肉同样切丝。切好的两样肉丝填入兔腹之中，同时放入一匙米饭，填入味料。用线把兔腹缝合，夹到火上烤熟。做好之后，里外通吃，形式与味道都很别致。

**

元朝是一个短命的王朝，只持续了百年左右。蒙古人入主中原，铁骑过处，自然带来他们较为粗陋的饮食习惯。按照后来张岱的说法，一直到了明宣宗时代，宫廷中的饮食才算是回到正轨，又有了一些汉人饮食的模样。

对于中原的汉人来说，故国不再，身处异族统治之下，许多时候，餐桌上、碗碟里的一份坚持，就是一种文化的坚持；一份精致的食单也包含着一种文化的坚守与固执。大概是这个缘故，元代时出现了不少饮食著作，相对于元朝的短暂历史而言，这些饮食书的数量算是多的，对后世的影响也比较大。

其中包括《饮膳正要》《居家必用事类全集》《中馈录》《云林堂饮食制度集》等。另外，元代出版的类书《说郛》也对历代的饮食著作做了一次全面的梳理。

元代饮食著作的时代特征很明显，其中往往收录许多游牧民族的饮食，这方面《饮膳正要》的表现最突出。比如，书中与羊相关的菜肴数量众多，包括那一道简约的柳蒸羊。

另一款羊头脍，制法稍显精细一些，但依然很豪放、很野性，说起来也非常简单：一只白羊头，收拾干净，入锅蒸至烂熟。羊头肉细切成丝，将各味调料调成汁水，浇到肉丝之上。不但滋味香美，还能治疗中风、头晕。

带花羊头，内容更丰富，外在的形式也更好看：主料自然还是羊头，一共要三个，煮至烂熟，片割。四个羊腰子、一副羊肚肺，同样煮熟细切。调料有生姜、糟姜、葱、盐、醋等，用羊肉汤把调料煮开，浇到切好的羊头肉、羊杂碎上。另外用到五个鸡蛋，分别煎成薄薄的蛋饼，修成花样，三个萝卜也刻成花样，摆到羊肉之上作为装饰，这就是“带花羊头”一名的由来。

攒羊头：五个羊头，煮熟之后拆散。加入适量的姜末、胡椒，投入上好的肉汤之中，加葱、盐、醋等调味。

这种攒类的菜肴，《饮膳正要》中收录了好几款，攒羊头之外还有攒牛蹄、攒鸡儿、攒雁等。这类攒菜和如今川菜中著名的回锅肉是一个意思，基本的步骤都是先煮后炒，调料也都差不多，以葱、盐为主，关键是炒的时候要加入好肉汤。最终做成的攒菜，香滑肥嫩。

《饮膳正要》中还有一种“盏蒸”，主料是适量的羊肉或者羊背皮，切碎，加入草果、姜、陈皮、小椒等调味料。把羊肉同杏泥、姜汁等一同略炒，加入盐、葱，盛入碗盏之中，入锅蒸透食用，功效是补中益气。

盏蒸的好处很明显，食材和味料都装在容器之内，蒸制的过程中不会散逸损失，所以滋味浓郁。

羊肉、羊头之外，羊的内脏也是很好的食材，比如羊肺。《饮膳正要》里有一款河西肺，《居家必用事类全集》里也有一款法煮羊肺：把羊肺切段，装入砂罐之中，调料用生姜、盐、椒、葱等；砂罐盖子用湿纸密封，以免泄味，密封的砂罐放到小火之上煨炖；注意不要一次煨熟，半熟的时候开罐一次，取出羊肺，改刀，另外添加一些酒，再放回火上继续煮熟。也可以用羊肚等代替羊肺，这类吃法统称为“杂沤”。

相比之下，羊藏羹的材料要丰富得多：用羊肝、羊肚、羊肾、羊心、羊肺各一件，洗净，慢火煮熟，沥干，与胡椒、豆豉、牛酥、陈皮、姜、葱等混合，装入羊肚之中，用针线缝合。将这些材料再装入袋中，再次入锅煮过，用味料调味，然后切开食用。滋味丰富，可以治疗肾虚劳损，骨髓伤败。

羊肚羹的做法差不多：主料是一个羊肚，配料有粳米、葱、豆豉、蜀椒、姜。把配料装入羊肚之中，入锅煮熟，加调料调味，空腹食用，可以治疗中风。

羊皮面，顾名思义，是用羊皮做主料：两张羊皮，洗净煮饮，切成甲叶状。羊舌两个、羊腰四个，煮熟，与蘑菇、糟姜同样切成甲叶状。所有的材料放入锅内，加肉汤或者清汤煨炖，用盐、醋、胡椒调味。

烤炙类的菜肴，元代当然不会少。比如炙羊腰、炙羊心等：先用一勺玫瑰水浸泡“咱夫兰”，也就是孜然，再加入适量的盐，配成料汁。将收拾好的羊心或者羊腰放进去浸过，用签子串起来，拿到火上烧烤，同时在羊腰、羊心上反复涂刷配好的料汁。直到汁水烤尽，就算完成。炙羊心可以治疗惊悸和忧郁，炙羊腰可以治疗腰痛和眼病。当然，它们首先都是很好吃的美味。

北方的游牧民族对水产的认识比较有限，《饮膳正要》中相关的菜肴就很少，只有几款常见的鱼羹，用的是北方的鲤鱼、鲫鱼等。比如鲫鱼羹，选用大鲫鱼，收拾干净之后，把葱、酱、盐、料物、蒜等调料塞入鱼腹，入锅煎过，加汤做成鱼羹，用大蒜、胡椒、小椒、陈皮、缩砂等调味。不但吃起来美味，还可以治疗脾胃虚弱、泻痢等病症。

鲫鱼羹还有一种制法：将新鲜的大鲫鱼收拾干净，切成片状，加小椒、草果、葱等调料，加水炖煮。

***

在《饮膳正要》一书中，忽思慧也记录了大量的主食制法，主要是面食，比如烧饼，有一种黑子儿烧饼：在适量白面中，加入牛奶和酥酒，再加入适量的盐，和好面之后，制成面饼，撒上黑芝麻，入锅烙熟。还有一种牛奶子烧饼：材料有白面、牛奶子、酥油、茴香，和面的时候用一点盐，制成饼烘烤。

含馅的食物，饭菜结合，包括馒头、角儿、包子等。元代的馒头是有馅的，比如一种仓馒头：将羊肉、羊脂、葱、生姜、陈皮等切细为馅，用盐、酱、料物调味，包入面团中，蒸熟食用。

另一种鹿奶肪馒头做法差不多，主要在馅料上有些差别：用鹿奶肪、羊尾子、生姜、陈皮切碎为馅，味料调味，制成馒头。

剪花馒头：将羊肉、羊脂、羊尾子、葱、陈皮等切细为馅料，用料物、盐、酱调味；包入面皮之中，制成馒头，表面用剪刀剪出花样，蒸熟，再用胭脂点染，更为美观。

同样的馅料，如果把面皮换成嫩茄子，掏空内瓤，把制好的馅料填入，入锅蒸熟，即称为“茄子馒头”。吃的时候，佐以香菜末和蒜。

比较复杂的还有一种荷莲兜子：材料包括羊肉、羊尾、鸡头仁、蘑菇、杏泥、胡桃仁、葱、姜等，加入盐、酱等调料做成馅料；将豆粉、山药和鸡蛋液混合，制成面皮，包成荷莲兜子，放入碗内，入锅蒸熟。这其实就是一种羊肉馅的包子，材料中找不到荷莲的影子，大概是做成的形状有些近似。吃的时候，浇上松黄汁。

元代的一些食物带着古风遗韵，一款“鼓儿签子”，很像宋代的签菜遗风，比如宋代的奶房签子等。

鼓儿签子的主料有羊肉、羊尾、羊白肠、鸡蛋、豆粉、白面等，调料用生姜、葱、陈皮、料物。首先把羊肉和羊尾切碎切细，加入调味料，制成馅，塞入羊白肠内，入锅煮熟。

把煮熟的羊肠切成小段，呈鼓状。把豆粉和面粉混合，用适量的咱夫兰和栀子，取汁，与豆粉、面粉混合，调成糊状，裹到切好的鼓状羊肠上，锅中加入少量油，煎炸之后食用，外焦里嫩，香味满口。

有一种春盘面，带着明显的汉人饮食的影子。早在晋代，每年到了立春之日，人们将萝卜、芹芽等装入盘中，再把这种菜盘互相馈赠，便称为“春盘”。唐代时这种习俗有了一点点变化，春盘中除了生菜，还增加了春饼。唐宋诗人写过不少吟咏春盘的诗词。

《饮膳正要》的春盘面当然要有羊肉：煮熟的羊肉切条，羊肚、羊肺切碎，鸡蛋煎成蛋饼，切条。生姜、韭黄、蘑菇等切过。将所有的材料与面条一起下入汤锅之中，加胡椒、盐、醋调味。味道好，又可以补中益气。

元代的耶律楚材在一首《十七日驿中作穷春盘》中写道：“昨

朝春日偶然忘，试作春盘我一尝。木案初开银线乱，砂瓶煮熟藕丝长。匀和豌豆揉葱白，细剪蒌蒿点韭黄。也与何曾同是饱，区区何必待膏粱。”

昨朝春日偶然忘，试作春盘我一尝。
木案初开银线乱，砂瓶煮熟藕丝长。
匀和豌豆揉葱白，细剪蒌蒿点韭黄。
也与何曾同是饱，区区何必待膏粱。

到了明代，每逢立春之日，皇帝会赐给大臣们春饼。这一天人们还会吃萝卜，称为“咬春”。到了正月初七的“人日”，也会吃春饼。

春饼的最大特点是薄和软，方便卷食。明代饮食书中都有春饼的制法，关键的一点是饼要擀得薄，烙的时候要不停地翻转，以免焦煳。烙熟之后要洒一点盐水，用干净的布盖住，保持其柔软。

忽思慧身为饮膳太医，精心编写了一部《饮膳正要》，在天历三年献给元文宗，为的是让皇帝养生保健，像元世祖一样长寿。

元文宗图帖睦尔是元武宗的二儿子，喜欢作诗，精于书画，汉文化的造诣很深。元泰定帝死后，大臣们决定拥立元武宗的长子和世琜，但此时和世琜远在云南，就暂时让他的弟弟图帖睦尔在大都继位，也就是元文宗。

此后，元文宗把皇位让给哥哥，也就是元明宗，但元明宗很快被害死，元文宗再次登基。不久，元文宗也在上都病死，时年二十九岁，忽思慧的《饮膳正要》没能让元文宗长寿。

《饮膳正要》成书之后，一直以宫廷秘籍的形式保存在宫中。时间过去了一百多年，到了明代的景泰七年，明景帝朱祁钰将《饮膳正要》刊刻成书，前面附有朱祁钰的序文，称此书“其所以养口体、养德之要，无所不载”。

朱祁钰是明英宗朱祁镇的弟弟。明英宗率领几十万大军离开北京，出关打击蒙古军队，在土木堡兵败被俘。朱祁钰匆忙继承皇位，后来明英宗返回北京，朱祁钰尊他为太上皇，将其幽禁在南宫，自己并没有让出皇位。

景泰七年冬天，明景帝朱祁钰的身体已经出现问题，大概他尝试过《饮膳正要》中的某种食物，认为有益于养生，因此刊刻推广。

转年的春天，明景帝到北京南郊的斋宫中养病，接连多日不能上朝。那以后，明景帝一直信赖的大臣石亨联合徐有贞等人，秘密到南宫中迎请明英宗复位，明景帝被废为郕王，迁往西宫居住。这次政变，史称“夺门之变”。

不久，郕王朱祁钰死在西宫，时年三十岁。一部《饮膳正要》，同样没能让他长生。

○柳蒸羊○芙蓉鸡○盘兔○羊头脍○带花羊头○盏蒸○羊皮面○羊肚羹○牛奶子烧饼○剪花馒头○茄子馒头○荷莲兜子○鼓儿签子○春盘面

熟灌藕

〇六

倪瓒

元

倪瓒（1301—1374），初名倪珽，字泰宇，别字元镇，号云林子、荆蛮民、幻霞子，江苏无锡人，元末明初画家、诗人。

*

如何别致地吃藕，是一个问题。

元代著名画家倪瓒发明了一道“熟灌藕”，制作方法简单：取用品质好的淀粉，加入蜂蜜和少量麝香调和；挑选一个完整无破损的藕，清洗干净，在大头一端切开，把调好的淀粉灌入各个藕孔之中，再用一块油纸包扎住切口的一端。把处理好的藕放入锅中蒸熟，切片，趁热食用。

倪瓒是无锡人，元代著名画家、诗人，是“元四家”之一。倪瓒的家中财富巨万，他对饮食又十分讲究，相关的材料汇集成一卷书，因为府中有一处云林堂，这本书就被称为《云林堂饮食制度集》。

《云林堂饮食制度集》中大约包含五十种菜肴和食物，可以代表元朝无锡一带的饮食风尚。明代嘉靖年间，倪瓒的无锡同乡姚咨便在为《云林堂饮食制度集》写的序言中称“百世之下，想见高风”。薄薄一份食单，确实起到了这样的作用。

倪瓒很喜欢在食物中使用淀粉，把淀粉称为“真粉”，不仅把淀粉灌入鲜藕，包馄饨的时候也用：把猪肉切碎，竹笋切成细丁（也可以用韭菜、茭白等代替竹笋），加入川椒、杏仁酱调味，制成馅料。面皮要小，要厚，切成方块状，表面再撒上干淀粉，擀成薄片，包成馄饨。汤要烧到极沸，把馄饨下入锅中，锅上不要加盖。等到馄饨浮起，不要搅动，捞出即可食用。

另一道菜水龙子，也就是肉丸，里面也用到了淀粉：猪肉肥瘦各半，剁得极碎，加入葱、椒、杏仁酱、蒸饼的碎末，调和均匀。手上涂醋，把调好的肉馅捏成丸子，外表粘上一层淀粉。锅中加水烧滚，丸子投入，浮起就捞出。吃的时候，肉丸与汤一起食用，可以在汤中调入一点辣味。

淀粉之外，倪瓒也很喜欢糟味，最爱吃的有一种糟馒头：在一只大盘里铺上糟，再铺一块布，把蒸好的馒头在布上摆开，用另一块布蒙住馒头，布上再铺厚厚的一层糟。经过一夜之后，取出馒头，再用香油炸过。这种馒头可以存放多日，食用之前在火上烤热，味道更好。

另一款黄雀馒头：将黄雀去毛破腹，洗净，斩下双翅和头，把头、翅与葱、花椒一同剁碎，加盐，一起填入雀腹之中。外面再用发酵好的面包裹住，做成小长卷，两头平圆，放入笼中蒸熟。

黄雀的香美完全存留在馒头中间，滋味可以想见。也可以进一步加工，把这种小馒头用糟馒头的方法再糟一下，锅里放上香油，炸着吃，外脆里嫩，糟香、面香、雀肉香混合在一起，滋味更丰富饱满。也许把这种馒头称为黄雀馅包子，更为恰当一些。

倪瓒比较偏爱面食，他的面条很有讲究。做的时候，先要提前几个小时和面，而且要用盐水和面，反复揉搓，然后盖住，醒一醒面，再次揉搓。这样做的目的是要使做成的面条更有筋力。

最后擀面切面，汤沸之后，将切好的面条下锅搅动。煮沸之后让汤锅离火，稍停片刻，再次烧煮，煮沸以后捞出食用。

另有一种手饼，制法简单：开水中加盐，用来和面，将面团反复揉匀之后，擀成小碗大小的薄饼，放到平面锅上烙熟。烙饼的过程当中，要不停地在饼上淋洒盐水。饼熟之后，立刻用干净的湿布覆盖。这种饼要想好吃，保持它的湿度很重要，这样才有软糯的口感。只是过多使用盐水，只顾口感，有违健康之道。

这种手饼可以用来卷猪头肉吃。而要想把猪头肉做得好吃，也是一件技术活儿。一个完整的猪头，用点燃的草柴熏过，刮洗干净。锅中加清水，放入猪头，注意不能放盐，煮沸之后换水再煮，一共重复五次。煮熟的猪头放冷之后，切成柳叶片状，加入葱丝、韭菜、笋丝或者茭白丝。调料用花椒、杏仁、芝麻和盐，调好之后，再洒入少量的酒，放入锅中蒸一蒸。这样做出来的猪头，卷入手饼之中，味道极佳。

倪瓒把这种吃法称为“川猪头”，应该不是指猪头的产地。明代的《遵生八笺》中也有一种“川猪头”，名字相同，制法却是另一个路数。

类似川猪头一样的美食在《云林堂饮食制度集》当中还有许多，其中最有名的是烧鹅，被称为“云林鹅”，其制法是从烧猪肉延伸而来。

草青莎软暮烟和，点缀春江爱白鹅。不似贪饕夸厌饫，万钱日食未嫌多。

先说一说烧猪肉的制法：把大块猪肉洗净，用葱、花椒、蜂蜜、盐、酒等调成味汁，涂抹到猪肉表面。锅内加入一碗水、一碗酒，上面放支架，将整理好的猪肉放在支架之上。盖好锅盖，周边用湿纸封住。灶中加一捆草，慢慢烧煮。封纸干燥时，随时洒水淋湿。如此烧过两把草，打开锅盖，翻转猪肉，再按前面的方法重新把锅盖盖好，再烧一把草。

这样烧好的猪肉熟烂香肥，同样的方法也可用来烧鹅。收拾好的一只整鹅，用盐、椒、葱、酒调汁，擦拭腹腔，再用酒和蜂蜜涂抹鹅身。蒸制的过程和烧猪肉一样，先在锅内加入一碗水、一碗酒，上面安放支架，鹅腹向上放到支架上，盖上锅盖，周边用湿纸封住。灶中加一捆草，慢慢烧煮。封纸干燥时，随时洒水淋湿。

烧过两把草，打开锅盖，翻转鹅身，再按照前面的方法重新把锅盖封好，再烧一把草，鹅肉彻底熟烂。如此制成的就是很有名的“云林鹅”。倪瓒似乎偏爱吃鹅，他在一首《咏鹅》中写道：“草青莎软暮烟和，点缀春江爱白鹅。不似贪饕夸厌饫，万钱日食未嫌多。”

吃过鹅肉，剩下的鹅毛倪瓒也能派上用场，只是不在饮食的范畴之内了。

**

倪瓒的美食当中，有一款带有明显的元代特点，名叫“雪盦菜”。“盦”是覆盖的意思，主料是春菜和乳饼。把春菜心和少许菜叶切为两段，放在碗底。乳饼切成厚片，摆在菜上，再撒上少许花椒末。醇酒中加一点盐，浇到碗中。把碗放入蒸笼中，蒸至菜心熟烂。

《庚子销夏记》中记载：元朝末年，倪瓒和顾阿瑛富甲江南，亭馆声妓，妙绝一时。后来倪瓒预感到天下将要陷入大乱，过多的财物可能给自己带来灾祸。于是他把自己的财物慷慨分给亲朋，又把自己的田产房宅全部卖出，卖得不少钱。

正好老朋友张伯雨前来拜访，倪瓒把卖得的钱全部送给张伯雨，自己乘上一叶扁舟，黄冠野服，遨游四方。等到朱元璋建立明朝，安定天下，倪瓒年事已高，于洪武七年病逝，终年七十四岁。也因此，《明史》把他归入《隐逸列传》之中。

顾阿瑛和倪瓒一样，毁家自全，剃发为僧。形势的发展证明，二人的判断是正确的。元末明初，兵乱四起，富贵之家首当其冲，许多富户人财皆失。

安逸、富贵的生活，让倪瓒养成了洁癖，每日洗漱不断。有一个例子可以说明倪瓒的洁癖的严重性:他派童子到山中取山泉水，一担水远远地挑回来，倪瓒选用前面的一桶水泡茶，后面一桶水只用来洗脚。他向别人解释其中原因：童子一路走回来，或许会放屁，弄脏了后面一桶水。而前面的一桶水没有这个问题，喝起来比较放心。

倪瓒的名气大，四方的好事之人慕名而来，其中难免会有俗恶之人。遇到这种情况，客人刚刚离开，倪瓒就马上让人刷洗客人坐过的地方，清洗客人用过的器物。

一个有洁癖的人，对美食的第一个，也是最重要的要求，就是干净。食材干净、器物干净、做饭做菜的厨子当然也要干净。

同乡某位富人家里种了许多芙蓉，花开季节，请倪瓒过去赏花饮酒。酒席进行中间，厨子送菜上来，倪瓒一看，立刻拂衣而起，决意离开，谁都拦不住。主人疑惑，请倪瓒一定要说出离席的理由。

倪瓒指着刚才端菜上来的厨子说："他这样满脸胡须，必定藏污纳垢，我怎么能留在这里，吃他做的饭菜？"

倪瓒的理由，当时在座的人都感觉荒唐可笑，他却是坚持己见。一个有洁癖的人，就是这样固执，不肯苟且，不肯应付。

晚年的倪瓒也一直保持着高傲的性情。当时他四处游荡，没有能力再过从前那种细致讲究的生活。曾经有一位富人找到他，主动送上一大笔钱。倪瓒最初很高兴，因为这说明自己的名气大，连这个没有文化的富人都听说过自己。

等倪瓒收下钱之后，富人又拿出自己的扇子，说出真实的来意，原来是想请倪瓒为他画扇面。倪瓒立刻翻脸："我的画不是金钱可以收买的。"他拒绝了富人的要求，然后把钱分给周围的客人。

回到饮食方面，在各种主食当中，倪瓒比较喜欢面食，而在菜肴当中，他和许多南方人一样，偏爱水产品。

《云林堂饮食制度集》中有一道"汆青虾卷"：新鲜的青虾，

去掉虾壳和虾头，留下虾尾。用小刀在虾肉上横向薄薄切片，注意不要把虾肉完全切断，要让虾肉完整地与虾尾相连。用葱、花椒、盐、酒加少量水调和成汁，放入切好的虾肉腌制。

把剥下的虾壳、虾头捣碎，煮成虾汤，滤去渣末。把腌好的虾肉在虾汤中微微汆一下，不可过度、过熟，再加入笋片和糟姜片，滋味鲜美。

类似的还有一种香螺。将生香螺敲去外壳，洗净螺肉，用刀削成薄片，方向不限。鸡汤烧滚，生螺片在其中稍稍汆一下，即可食用。倪瓒给这道菜起了个有趣的名字，叫作“香螺先生”。

也可以选取比较大的田螺，敲去螺壳，只用螺头，不要见水。用砂糖拌和，腌渍片刻之后洗净。用刀切成薄片，用葱、椒、酒等调料腌渍片刻，在鸡汤中稍汆。

“新法蛤蜊”基本就是生吃，把蛤蜊洗净剖开，刮去肉上的泥沙，只是这种办法难以彻底清除泥沙；如果是活的海生的蛤蜊，可以用干净的海水浸泡一段时间，蛤蜊会自己吐出泥沙，而且吐得非常干净。蛤蜊肉用水洗净，再用温水洗。这些过程中产生的汤水都不要丢掉，收集沉淀干净，以备使用，因为这种汤水保留着蛤蜊自身的鲜美滋味。再在汤中加入适量的葱、花椒和酒，调成鲜汁。

用细葱丝或者橘丝与蛤蜊肉相拌，均匀铺在碗内，把备好的鲜汤汁浇入，即可食用，滋味美妙。

扇贝也可以这样吃：把生的扇贝剖开，取出扇贝柱，用酒洗净，撕成筷子头粗细。酒加热，把扇贝丝放入略煮即可，或者把扇贝撕得更细一些，加入胡椒、醋和少量糖、盐，直接生食。

水产中的极品是螃蟹，倪瓒当然喜欢吃。有一位名叫陆继之的朋友，送给他一些柑橘和紫蟹，倪瓒写诗感谢：“黄柑开裹烦相赠，紫蟹倾筐也可怜。”

阊阖城外皆秋水，斜日维舟方醉眠。
携手故人惊梦里，送书飞雁落樽前。
黄柑开裹烦相赠，紫蟹倾筐也可怜。
忆尔独居湖上宅，晴窗奇石翠生烟。

《云林堂饮食制度集》中记录了几种螃蟹的吃法，各有特色。最简单、最地道的吃法，其实就是直接蒸或煮，味道最纯正。但这不是倪瓒的风格，他也吃煮蟹，但煮蟹的方法比较独特。煮蟹时要加入盐、生姜、紫苏、橘皮等调料。煮到大沸之后，开锅，把螃蟹翻转，再一次煮到大沸。

出锅之后最好趁热食用，蘸取橙汁和醋，滋味最妙。如果一个人的食量很大，可以先煮两只螃蟹，等这两只吃完之后，再煮两只。如果图省事，一起蒸煮，吃到后来螃蟹都凉了，滋味会差一些。

还有一种酒煮蟹：将生蟹洗净，斩为两块，蟹钳、蟹脚等剁为小块，在砂锅或者锡锅当中加入汤水，加入葱、花椒、盐、纯酒等调料，放入蟹块炖煮。

更复杂的一种吃法是“蟹鳖”：螃蟹煮熟，剥壳剔出蟹肉，与适量的花椒拌和。取干净的干荷叶铺在蒸笼中，上面摆放粉皮，将调和好的蟹肉放到粉皮上。鸡蛋液中加入适量的盐，打散搅匀，浇到蟹肉上，再把蟹膏加到鸡蛋液上。

蒸笼放入锅中蒸煮，估计鸡蛋液凝结之后取出，去掉下面衬的粉皮，把鸡蛋蟹肉切成象眼块，码放到菠菜叶上。再用蟹壳熬清汤，加入姜、花椒、淀粉勾芡，浇到鸡蛋蟹肉上。过程很复杂，在蟹肉的滋味之外，又有荷叶、菠菜和鸡蛋的味道，不知道效果如何，是否值得如此大费周折。

类似的还有一种蜜酿蝤蛑：蝤蛑，即梭子蟹。用盐水把梭子蟹稍稍煮一下，变色即捞出。揭开蟹盖，把蟹钳中的蟹肉剔出，蟹脚剁为小块，一起盛在蟹壳中。再将少许蜂蜜与鸡蛋液调和，浇到蟹壳之上，上面再摆上肥肉片，放到锅中去蒸，以鸡蛋液凝结为度，不可太过。随蒸随食，佐以橙醋。

这两种斯文的吃法比较适合正式的酒宴，一般的吃货可能更喜欢自己动手，那样更过瘾。

***

倪瓒在无锡的家里有两处精美的堂室，名声很大，一处是云林堂，另一处是清闷阁。二者的功用有些差别，云林堂中主要陈设古代玉器、古琴和铜鼎彝尊。清闷阁的建造与布置尤其精美，阁前种植梧桐，奇石堆垒，外围还有松、桂、兰、竹，“高木修篁，郁然深秀”。阁中主要收存古人的书法绘画，还有几千卷藏书。

《遵生八笺》中描述清闷阁前面的梧桐与青苔：梧桐树下生满青苔，为了保护青苔，每有梧桐叶落，倪瓒都要让仆人立刻清除，却禁止他们踏上青苔。仆人们只好在长杆的前端绑一根针，长长地探到青苔之上，刺中树叶，把它取走。如此精心呵护的梧桐青苔，自然青翠可爱。

曾经有一位夷人，进贡的路途上慕名而来，献上一百斤沉香，希望能与倪瓒见上一面。倪瓒不肯，让仆人推说自己不在家。那个夷人却是异常固执，见不到倪瓒就不肯离开。倪瓒只好退让一步，让仆人带客人到云林堂看一看，也算不枉此行。此人看过，大开眼界，又提出要去清闷阁看一看，却被仆人拒绝，说清闷阁比云林堂重要得多，不会轻易让别人进去。

青苔网庭除，旷然无俗尘。
依微樵径接，曲密农圃邻。
鸣禽已变夏，疏花尚驻春。
坐对盈樽酒，欣从心所亲。

按照倪瓒的个性，能得到他的邀请，在云林堂喝酒吃饭的人，少之又少。张贞居就是这样幸运的一位，倪瓒曾经请他喝酒，席间分韵做诗，倪瓒得到一个“春”字，于是写了这样一首诗：“青苔网庭除，旷然无俗尘。依微樵径接，曲密农圃邻。鸣禽已变夏，疏花尚驻春。坐对盈樽酒，欣从心所亲。”

作为画家的倪瓒，留下了不少画像。画中的倪瓒身穿古旧衣饰，凭几坐在一张连床之上，手中握笔，似乎正在对纸吟诗。面前的几案之上摆着一只酒樽、一只香鼎、一只砚山和一叠诗卷，床后竖立着画屏。一个老仆人站在几案旁边，手里拿着一根长柄的拂尘。另有一个女道士守在一边，手里拿着铜洗、毛巾等器物。整个画面雅致清洁，是倪瓒日常生活的缩影。

倪瓒的身上带着一点仙风，他的洁癖、他给自己精心营造的堂阁，都体现了这种超凡脱俗的仙气。

和许多文人高士一样，倪瓒喜欢饮茶，在茶上花费了许多心思。他曾经制作一种莲花茶——清晨太阳刚刚升起，选择刚刚开放的好莲花，轻轻拨开花瓣，在花心之中放满茶叶，然后用细绳从外面捆住花苞。经过一天一夜，第二天早上把这朵莲花摘下，取出茶叶，包在纸中晒干。下一个早晨，用同样的方法把这些茶叶放到另一朵莲花当中。同样的过程重复三次，最后把晒干的茶叶装进容器中，慢慢享用。

倪瓒不厌其烦，只为了在原有的茶香当中获得一点莲花的清香之气。整个过程颇费周折，恐怕倪瓒自己不会亲手去做。

又有一种橘花茶，看上去和现在北方人喜欢的花茶很像。精选细芽茶，取一个陶罐，罐底铺上一层橘花，上面再铺一层茶叶。如此重复，直到罐满为止。最顶层铺上一层花，然后紧密封口。

把陶罐拿出去曝晒，中间需要把陶罐翻转几次。锅中加少量水，陶罐放入锅中，慢火蒸，陶罐热遍之后从锅中取出，冷却以后开罐，取出茶叶，拣除其中的花瓣后拿出去晾晒。干燥之后，在陶罐中重新铺上一层橘花，重复先前的蒸晒过程，一共三次。最终完成橘花茶的制作。也可以把橘花换成茉莉花，制成的茶叶当然也就叫茉莉花茶。

或许，我们今天喝的花茶，就是倪瓒这样的好事者琢磨而成。

倪瓒住在蕙山时，又发明了一种配料，可在饮茶的时候加入茶水当中。具体是用核桃仁、松子仁加上淀粉，制成小块状，看起来像小石子。倪瓒给它起了个名字“清泉白石”。显然是一种白色的块状物，倪瓒轻易不肯拿出来待客。

某一天，有一位客人慕名来访，报上的名字是赵行恕，属于宋代皇室之后。倪瓒颇为重视，隆重接待，品茶的时候让童子拿出清泉白石，加入茶水当中。赵行恕没有任何表示，像平时喝茶一样，一碗接一碗地喝。结果倪瓒恼了，直接告诉赵行恕：“我以为你是皇家之后，所以特意拿出清泉白石给你品尝，哪想到你是一个庸俗之人，根本体会不到它的妙处，真是糟蹋了我的好东西。”

那以后，二人绝交。倪瓒忘记了，落魄的皇室宗亲，能够填饱肚皮已经不容易。赵行恕前来拜访，能喝到好泉水好茶叶，已经十分满足，所以连喝几杯，哪里顾得上细细品味茶中的附加物？

赵行恕的反应也证明，清泉白石的滋味比较寡淡，如果茶叶本身已经非常出色，用的又是惠山的好泉水，这种添加物实在是画蛇添足，奢侈过度。

〇七 刘基

元明

刘基（311—1375），字伯温，浙江青田（今浙江文成）人。元末明初政治家、文学家，明朝开国元勋。

*

把一只兔子整治干净，在腹中填入姜、茴香、川椒、橘皮、葱等调料。锅中加油，烧热之后加水，投入盐、醋、酒等调料，摆好隔架，将兔肉摆放在隔架，与锅底的水隔离。锅上盖瓦盆，用湿纸片封住锅沿，以免蒸气泄漏。当锅中的水烧滚之后，撤出灶底的火，等待片刻，再烧一段时间就好。

这道菜制法其实与倪瓒的“云林鹅”比较相近，只是把鹅换成了兔子。不过，烧兔的时候有一个细节不能错，兔肉入锅之前，一定要在兔子的嘴中填入一块朴硝，其作用当然是可以让兔肉更容易熟烂。

这一款烧兔记录在《多能鄙事》之中，

为题赋诗

作者是刘基。刘基，字伯温，浙江青田人，生性聪明，从小兴趣广泛。元朝末年，刘基通过科举考试，做了高安县的县丞。

在高安，刘基遇到一位老人，精通术数。老人看好刘基的禀赋，把自己的藏书全送给他。此前刘基就对阴阳卜筮的知识很感兴趣，此后大力研习。元末天下大乱，刘基在高安感觉不得志，返回故乡青田。

元顺帝至正二十年三月，此时的朱元璋已经颇具实力，但与他并立的陈友谅、张士诚的势力也十分强大。朱元璋派出专人带上礼物，把刘基、宋濂、章溢和叶琛等人请到建康，向他们请教安定天下的计策。

据说，刘基第一次去见朱元璋的时候，朱元璋正在吃饭，谈话之间，朱元璋问刘基会不会写诗。刘基说："当然，写诗只是读书人必备的小技。"

朱元璋就指了指手中的斑竹筷子，让刘基以它为题赋诗。刘基随口吟出一句"一对湘江玉并看，二妃曾洒泪痕斑"。

朱元璋听得直皱眉头，认为这句诗的书生气太浓，毫不掩饰自己的失望。刘基不以为然，后面马上跟上两句："汉家四百年天下，尽在张良一借间。"

在这里，刘基巧妙使用典故，同时把自己比作张良，言外之意，朱元璋就是开创帝业的刘邦。朱元璋大喜，感觉与刘基相见恨晚。

朱元璋把四个人留下来，在自己的住处西边建造了一个礼贤馆，安置四人。此后不久，陈友谅率军大举进攻太平。朱元璋召集众人商讨对策，大家各执一词，只有刘基瞪着眼睛一语不发。争了半天没有结果，众人散去，朱元璋让人把刘基单独叫回来，问问他的想法。

刘基说：“首先对主张投降和逃跑的人，可以处斩以此来稳定军心。其次，敌兵自负，天道后举者胜，应诱其深入，伺隙而动，一击制胜。”

朱元璋采纳了他的意见，大败陈友谅。明朝建立，刘基成为开国功臣，担任御史中丞兼太史令。

刘基的故乡是青田。

青田靠近瓯江，离海也不远，多有水产，这决定了刘基的饮食喜好倾向于水产，最典型的便是一道生鱼脍。

选用新鲜的鱼，整治干净，去掉鱼头、鱼尾、鱼皮，把鱼肉切成薄片，摊放到干净的纸上晾晒片刻，然后将鱼片进一步切成细丝，当然是越细越好。

新鲜的萝卜剁碎，放入布中，绞出萝卜汁。生菜、香菜切细，与鱼丝相拌，浇上芥辣、醋和萝卜汁，至此，一道新鲜美味的萝卜鱼脍就算完成了。

另一道醋浇脍，鱼丝的准备过程完全一样，差别只是最后浇淋的味料。生葱四根，生姜四两，榆仁酱和椒末适量，一起捣得极烂，加入醋、盐和糖。与鱼丝相拌，就是一款好吃的醋浇脍。

当然还有虾。有玉钩虾鲊和清凉虾鲊两种。鲊，原指腌制的鱼，后来慢慢引申开来，泛指所有的腌制品，《多能鄙事》中记录的鲊类食物非常多，如海棠鲊、黄雀鲊等等。

玉钩虾鲊其实就是干制虾仁。挑选大虾，剥出虾肉，用布包裹，用重物压干。加入适量的盐、生香油、椒、葱、姜、米饭等，搅拌均匀，装入罐中，按实。等到发出香味时，就可以取出食用了。

制作过程中，与调料一起加入的，还有一种蛤壳。功效是可以清热，但不知道是不是需要碾碎了使用。

清凉虾鲊要先用盐水浸泡，取出，包入布中，用重物压干。加入适量的红曲、川椒、莳萝、茴香、葱白、糯米饭和少许盐，搅拌均匀以后，装入瓶中，按紧，上面淋上酒，用竹叶密封。

制作虾鲊其实是一种保存水产的方法，可以延长虾肉的保存期，并为它添加一些特殊的风味。将来要吃的时候，还需要再次加工。

《多能鄙事》一名源自孔子。孔子曾经说："吾少也贱，故多能鄙事。"意思是说，由于孔子出身微贱，年轻的时候许多事情都需要自己亲手去做，他因此学会了许多技艺，其中许多都是身份低贱的人才会做的事。

当时的看法认为，厨房里、灶台边的营生是低贱的，所以刘基为自己的著作起了这样一个书名。

《多能鄙事》的内容包括饮食、器用、方药、农圃、牧养、阴阳、占卜等等方面，颇为实用。十二卷的《多能鄙事》，称得上是一部类书，可以指导人们日常的生活。具体到饮食方面，《多能鄙事》更侧重于食材的加工方法，加工的目的是能够更长久地保持食材的品质和风味，或者通过加工改造，为其添加新的滋味。相反，如何把这些食材做成最终的菜肴，刘基在书中谈得并不多。

比如《多能鄙事》中提到一种干肉酱：使用精肥猪肉，切成骰子块。锅中加入猪脂或者羊脂，放入骰子块略微煎炒，拣出油脂，加入葱、酒、醋、川椒、杏泥、甘草酱等材料同煮，撇去浮沫，等到汤汁收干了，就可以盛出，烘焙干燥。可以长久保存，随时可以直接食用，也可以当成食材，再一次加工成另一道菜肴。

另一种“水晶豝”，实际上就是肉干。“豝”字的本义是母猪，水晶豝的材料可以是瘦羊肉或者瘦猪肉，去净肉皮和肥脂，切成薄片。将盐、椒、马芹等调料，一起研成碎末，过滤之后撒到肉片之上，腌制两个小时，再把肉片放到烈日下暴晒。

红羊脯：十五斤好羊肉，切成长条状，每块大约重半斤。撒上盐腌制三十天之后取出，拌上酒糟再腌三天，取出。在土窖中燃烧木柴，将腌好的羊肉架在窖口，慢慢熏干，在阴凉通风处收藏。等到第二年的五六月间便可以食用，炖煮之后，糟香浓郁，兼有一点熏肉的风味。

腌肉也是同样的性质。比如一种腌鹅：把一只肥鹅收拾干净，或者猪肉、羊肉也是一样，加盐加酒，腌上一夜，取出控干。用葱丝、姜丝、橘皮丝、椒皮末、茴香、莳萝、酒、红曲末等各适量，与鹅肉搅拌均匀，放入陶罐之中，压紧压实，罐口用竹叶封紧，外面涂泥密封。可以长期保存。

***

刘基喜欢冻菜，这一点与北宋文学家黄庭坚很相似。刘基制作冻菜的方法很巧妙，可以在夏天吃到清凉香腻的冻鸡。具体做法是：鸡肉切块，在锅中略炒，然后加水，放入一个整治好的羊头，一同煮熟，加盐。然后捞出羊头和鸡肉，只用锅中的肉汤，把它过滤之后，盛入一个瓷器之中，器口用油纸严密封紧，再用绳子悬吊到深水井当中。鲜香的肉汤遇冷，凝结成冻。

在炎热的夏天，这一道菜当然清凉美味。另一种冻鱼的制作方法差不多：把羊蹄筋煮熟，碾压成膏末；将收拾干净的鱼肉切成肉丁，加入调料，与羊蹄筋的膏末一同煮过；将煮成的汤液过滤，放入容器之中，悬吊在水井中，冷却之后成为鱼冻。

羊和鱼的鲜美混合，让鱼冻的滋味与鸡冻大不相同。蹄筋的加入，让凉滑的鱼冻变得更劲道，吃起来更有嚼头。

烧肉事件，就是我们今天的烧烤。这款佳肴用到的调料很重要，包括酱油、盐、酒、醋和香料，调成糊状备用。烧肉的主体当然是肉。但刘基的吃法和现在不同，在烧烤之前，一些肉需要煮熟，如獐肉和鹿肉，可以煮到半熟再烧烤。羊肋、腰子、肝、里脊肉、黄雀、羊耳等，体量小，容易烤透烤熟，则可以直接生烤。

无论生肉熟肉，都要切成小块，串到长签上面，蘸上调好的糊状调料，在炭火之上炙烤，需要不停地转动，以免烤焦。肉熟之后，去掉外面成了一层皮的调料，只吃肉。显然，当时的做法是多用调料，这样滋味更足。

当然，已经煮熟或者半熟的肉，烤炙的时间不能太久。烧烤这种肉的目的，是追求烤肉特有的焦香之气。

刘基似乎偏爱鱼骨，有一款粉骨鱼：选新鲜的鲤鱼，在腹部剖开一个小孔，内外整治干净，注意保持鱼形的完整。先把鱼用盐腌过，把姜片、葱丝等调料塞入鱼腹当中。锅内加水，水中加进半杯酒，放入整治好的鱼，加入三钱楮实末。盖好锅盖，务必保持密封，然后慢火炖煮一日或者一夜。这道鲜鱼的最大特点是鱼骨酥烂如粉，可以连骨加肉一起吃下，这也是“粉骨鱼”一名的来历。

炖鱼时加入的楮实是一种药材，滋味平淡，有益肾、清肝、明目之效。但长期食用，会让人骨萎。由此看来，楮实在这里的主要作用不是添加滋味，而是让鱼骨更软更酥。大体来看，这道美味更像是一道药膳。

另一款“酥骨鱼”中，用的是二斤新鲜的鲫鱼，制作的方法也差不多。鲫鱼收拾干净，用盐腌，杀出水分之后控干。在剖开的鱼腹中塞入蒌蒿和葛根，放入油锅中，煎至鱼皮微焦，取出冷却。

下一步调汁，用到的材料很多，分别是莳萝、川椒、马芹、橘皮、糖、豆豉、酒、醋、盐、油、葱、酱等，当然一定不要忘了楮实，最后再加入一大碗清水。

锅底铺一层箬竹，以防止糊锅。把鲫鱼放到上面，再盖一层箬竹，把调好的汁液倒入锅中，加适量水，大体是要没过锅中的鲫鱼。盖上锅盖，严密封闭，慢火煨炖。这道菜最大的特点，当然也是一个“酥”字。但比起粉骨鱼，这道菜的滋味肯定要复杂得多。

最后提一道刘基的鸡子线，主料是鸡蛋。锅中加入一些淡酒，烧开。鸡蛋上敲一个小孔，加入一点盐，用筷子搅匀，然后把蛋汁直接甩进锅中，使蛋汁在滚沸的淡酒汤里凝结成线。其实就是一道酒味的鸡蛋花，形式比较别致。

善于谋划的刘基深知官场的凶险，处处小心，主动退让，依然没有完全避开祸患。因为与胡惟庸之间存在矛盾，有人在朱元璋面前攻击刘基。朱元璋半信半疑，下令剥夺刘基的爵禄。

刘基吓得够呛，赶快前往京城，向朱元璋请罪。然后刘基就一直留在南京城中，[illegible]是免去朱元璋对自己的怀疑，同时防备着再有别人攻击，在京城中也方便自我辩解。

后来胡惟庸做了宰相，刘基忧郁成疾。在此期间，胡惟庸曾经派医生来为刘基诊病，为他开药。只是服下医生的药剂之后，刘基反而感觉腹中如有一块硬石，不舒服。这一段时间，刘基寝食难安大概没有心思再去琢磨什么美味。

洪武八年三月，朱元璋派人护送刘基还乡。到家之后一个月，刘基病逝，时年六十五岁。

○烧兔○萝卜生鱼脍○醋浇脍○玉钩虾鲊○清凉虾鲊○干肉酱○水晶羓○红羊脯○腌鹅○冻鸡○冻鱼○烧肉事件○粉骨鱼○酥骨鱼○鸡子线

酱烹鸭

〇八

宋诩

明

宋诩，字久夫，明朝人，生平事迹不详。

*

明朝人喜欢吃鸭子，要么把整只鸭子烤着吃，要么切成块、切成片，炒了吃、炖了吃。鸭子菜的名字也各不相同，有炙鸭，有盐煎鸭、油煎鸭，还有酱烹鸭。

炙鸭，就是我们熟悉的烤鸭。挑选肥鸭子，收拾干净，整体在卤汁中煮熟入味，然后淋上熟油，挂到架子，用火炙烤而成。

油煎鸭就是炒鸭块。鸭子肉切成块，在油锅中炒香，加水炖熟。调味料有花椒、葱白、盐、酒等。

盐煎鸭：把鸭肉切成薄片，入锅炒至变色，加少量水，加花椒、葱白、盐、酒，炖熟。同样的，还有盐煎猪肉、盐煎牛肉等，还可以加入芋头、茄子、山药等素菜。这种盐煎菜是一种家常菜，但要做得好吃，做到肉质滑嫩，就要求厨师能很好地把握火候，所以并不容易。

庶人常用贽，贵在不飞迁。
饱食待庖宰，虚教两翅全。

酱烹鸭，鸭肉同样切为薄片，略炒之后，加入甘草水、酱、缩砂仁、花椒、葱等，炖至熟烂。同时可以加入蘑菇、芋魁、山药、竹笋、茭白等素菜。

这些制作方法，来自明代的一本《竹屿山房杂部》，书中收录了大量菜肴、美食的制法，是研究明代饮食文化不可缺少的一本书。其中，鸡的吃法也不比鸭子少，可以是烹鸡、烧鸡、熏鸡、烘鸡，也可以是油煎鸡、油爆鸡、蒜烧鸡、酒烹鸡、辣炒鸡，或者做成鸡生。

蒜烧鸡要使用公鸡，收拾干净，把鸡肝、鸡肺切成细丁，加入蒜泥、盐、酒等调好味，填入鸡腹之中，缝合开口。锅中加入适量的水和酒，将鸡烹熟。可以手撕鸡肉，与鸡腹中的杂碎一起拌着吃。

第四排筵在广寒，葡萄酒酿色如丹。
并刀细割天鸡肉，宴罢归来月满鞍。

鸡生，就是鸡肉脍。要选用母鸡，最好是已经产蛋，但没有孵过小鸡的母鸡。宰杀之后，拔净鸡毛，割取鸡胸肉和鸡腿肉，切成极薄的肉片，用干净的棉布或者绵纸，收尽肉片上的血水，备用。锅中加入少量的油，烧热，把备好的薄肉片放到锅中滑一下，变色即取出，切为细丝。调料用核桃仁、松子仁、栗子肉、蒜、酱、姜等，捣为细末，与备好的鸡丝拌和，加一点醋。

也可以制作“冻鸡”，鸡肉煮熟之后捞出，在鸡汤之中加入橘皮条、竹笋条、花椒、葱白和醋等调料。把煮过的鸡肉撕成肉丝，洗净的白鲞同样撕成丝，一同放入汤中煮。最后倒入瓷器之中，冷却凝结成冻。

如果把鸡肉换成猪蹄，就能制成“冻猪肉”：收拾干净猪蹄，煮到极烂，剔去骨头和筋。清水之中加入甘草、花椒、橘皮丝以及盐醋，把猪蹄皮肉放入汤中熬煮，然后冷却凝结成冻。把这两种冻菜与宋代的冻菜比较一下，很有意思。

《竹屿山房杂部》中有许多肉菜，比如一款酱烹猪：把猪肉切成薄片，入锅中炒到变色，再加少量水，放入适量的甘草、酱、缩砂、葱、花椒等调料烹熟。这个过程中如果锅中的汤汁太多，可以用勺子盛出一部分，然后渐次淋回去。辅料可以使用生蕈、芦笋等，同猪肉一起烹熟。

类似的还有酒烹猪和酸烹猪，做法基本差不多，差别在于肉片炒到变色后加调料的时候，酒烹猪加入的不再是酱，而是酒，酸烹猪则多了一味醋。辅料也有一点差别，酒烹猪是竹笋切块，与猪肉一起烹熟，最后加入块状茭白，随即盛出装盘；酸烹猪则用韭菜、焯过的豆芽和酸竹笋丝。酒烹、酱烹的方法同样适合淡水鱼。

《竹屿山房杂部》中还有许多素菜，比如一种萝卜卷：挑选大一点的白萝卜，横切成圆而薄的萝卜片，晒到半干。在每片萝卜干上摆放两粒川椒，外加适量的紫苏叶丝、乳线丝、姜丝等。再把萝卜片卷紧，用竹签把这样的萝卜卷五个串成一串，用酱油和醋浸泡一两天，便可食用。

把萝卜片换成豆腐皮，切成二寸见方，每片放三粒川椒，适量的生姜丝、炼乳线丝、腌肉丝、笋丝等，也可以把核桃仁炒过碾碎，加入其中，增添一些香气。然后把豆腐皮卷紧，两三个用竹签串到一起，用酱油烤过，滋味香美。

这一类小菜在别的饮食书中基本看不到，应该是《竹屿山房杂部》的独创。

**

《竹屿山房杂部》是一部生活大全，由明代宋诩祖孙三代完成。宋诩，华亭人，字久夫。竹屿山在华亭县东南的海中，与舟山相对，上有丛竹。

《竹屿山房杂部》的内容包括宋诩撰写的“养生部”六卷、“燕闲部”二卷和“树畜部”四卷；后面的十卷“种植部”、十卷“尊生部”由宋诩的儿子宋公望撰写。最终，宋诩的孙子宋懋澄把二人的文字汇总，成为一部《竹屿山房杂部》，一共三十二卷。史料中关于宋诩祖孙三人的记载极少，他们的生活可能与竹屿山有密切的关系，所以如此命名。

这其中，六卷“养生部”又被单独称为《宋氏养生部》，于明代弘治年间刊印，是《竹屿山房杂部》中影响最大的一部分。宋诩的母亲朱氏厨艺精湛，做过官府的大厨。后来她口授自己几十年的烹调经验，由儿子宋诩记录下来。从这个意义来看，《竹屿山房杂部》集合了宋家四代人的心血。

《宋氏养生部》以食材划分门类，其中第一卷有茶制、酒制、酱制和醋制，详细介绍各种制法。第二卷有面食制、粉食制、蓼花制、白糖制、蜜煎制、糖剂制、汤水制等七类。三到五卷是肉类、水产类和蔬菜果实类。第六卷是杂制类。

面食之中自然少不了面条。面条是很好的食物，如果有合适、可口的卤子，面条吃起来十分畅快。从明代小说《金瓶梅》中，我们可以看到明代人如何吃面条。

书中把面条称为水面。第五十二回，西门庆、应伯爵、谢希大三个人一起吃水面：童子用方盒拿上来四碟子小菜，分别是一碟十香瓜茄、一碟五方豆豉、一碟酱油浸的鲜花椒、一碟糖蒜，此外还有三碟蒜汁、一大碗猪肉卤，一张银汤匙、三双牙箸。

摆放停当之后，三个人在桌边坐下来，最后端上来三大碗面，每人一碗，各自取了合意的浇卤，淋上蒜醋。

应伯爵直夸这水面又好吃又爽口，和谢希大两个人狼吞虎咽地吃得十分畅快，三两下就吞掉一大碗，一共吞掉了七大碗，西门庆只吃了一碗多一些。

配合水面的小菜在小说中都列举出来，清清楚楚，但水面如何制作，并没有提及。《竹屿山房杂部》中介绍了几种，步骤比较详细。

有一种鸡面，是用鸡汤和面。其中用到的鸡，是越鸡。越鸡产自浙江，是一个古老的鸡种，体格比普通的鸡要小一些。选择一只小而肥的越鸡，宰杀之后收拾干净，斩去鸡头、鸡爪，取皮肉连带鸡骨，一起捣到极烂，装入绢囊之中，锅中加水，将绢囊投入其中，熬煮成鸡汤。

制成的鸡汤比较清澈，用来和面。切制成面条，煮熟之后捞出，在冷水之中过一下，再浇上适意的面卤或者芥辣，味道鲜美。

如果把越鸡换成新鲜的虾，制作过程大致相同，就成了另一种虾面，原理和鸡面一样，都是在和面的时候，加入至鲜至美的汤汁：生虾捣烂，在锅中水煮，过滤之后的虾汁用来和面，然后擀薄切细。滤出的虾肉、虾壳也不能丢，重新入锅，加入鸡汤熬过，过滤之后，用来做下面的汤水。

鸡子面也是一样的道理。鸡子就是鸡蛋，生鸡蛋打破后加入适量的水，搅匀，用来和面。将和好的面擀制成面条即可。如果口味素淡，也可以用萝卜汁、槐味汁来和面。或者在面粉上想一些花样，比如在面粉当中混入山药粉或者黄豆粉，这样制成的面条别有风味。

另一种扯面，性质与面条相同，但制作形式上有一点差别，显得更有趣。先用盐水和面，加一点香油。和好的面要醒一醒。锅中加水烧开，拿一块面，双手拉长，缠于手指之间，随扯随投入沸汤之中，浮起之后捞出，浇上面卤食用。

鸡面、虾面、鸡子面、扯面，滋味鲜美。吃的时候，浇面的面卤也很重要，《竹屿山房杂部》把面卤称为“齑汤”，有下列几种制法：

一种是肉丝卤，将肥肉切成细丝，水煮熟之后加入适量的酱、醋、葱、椒、缩砂仁等。《金瓶梅》里配的猪肉卤，大概就是这一种。

另一种鸭蛋卤，是在锅中加油加水，将鸭蛋液调匀洒入汤中，再加酱、醋、椒、葱和缩砂仁。

鸡汤卤：煮鸡的肥汤中，加入酱油、葱、椒和醋。把鸡肉切为细丝，放到面上，再淋入此卤。

蟹卤：取一只大螃蟹，加水煮熟，剥取蟹黄、蟹肉放到面条上。煮蟹的汤水中加入椒、酱、醋、葱等调料，烧开之后，浇淋到面上，滋味鲜美。

浇上蟹卤的鸡面、虾面，味道鲜美。比这些面条滋味更浓的，是馄饨。《宋氏养生部》中的馄饨馅料分为几种，一种的主料是猪肉，微焯之后切成小块，辅料可以选用青鱼、鲳鱼、石首鱼等，去除骨刺，细切为小块。也可以加入蟹肉、虾肉。味料用酱、胡椒、花椒、葱白等，调和成馅。

另一种馄饨馅料是取用肥鸡肉，入开水中微焯之后，加入野鸡肉及松子仁、核桃仁和榛子仁等辅料，再加胡椒、花椒和葱花等味料，剁为细馅。当然，也有素馅的配方。

包馄饨的面可以用盐水和面，也可以用鸡蛋和面。和好的面擀成薄片，包入馅料之后，为了美观，可以剪齐边缘。

明代当然也有包子，而且名字也叫包子。馅料和馄饨差不多，制法和今天的烧卖很相似，放入锅中蒸熟，吃的时候，伴用姜醋。

还有汤角，面中有馅，紧锁边缘，可以蒸着吃、煮着吃，看起来很像今天的饺子。用热水和面，馅料与馄饨一样。

***

宋诩一家世代居住在华亭，熟知地方风味。母亲朱氏跟随宋诩的父亲到各地任职，而且久居北京，对各地的饮食相当了解。宋诩在母亲的实践基础上总结撰写的《宋氏养生部》，内容丰富，计有一千余种食物。

朱氏厨艺的精湛和广博，我们从《宋氏养生部》“面食制”下面的饼类食品中可以领教。朱氏面饼的种类很多，其中一种薄饼十分诱人。宋诩详细介绍了母亲的薄饼制法，一种是在七分开水中兑入三分冷水，用来和面，擀成薄饼后入锅烙熟后淋上一点冷水，将饼卷起。

另一种方法更简便巧妙：用水把面粉调成糊状，铁锅烧热，润一点油，舀一勺面糊倒入锅中，让面糊沿锅底平涂开，稍候片刻，一张薄饼就做成了。

薄饼一定要尽量薄，尽量软。配菜可以根据自己的喜好来增减，常用的有煮熟的肥猪肉、肥鸡鸭肉，或白萝卜、胡萝卜、酱瓜、青蒜等，切成条状。吃的时候，要把配菜卷在饼里吃，味香而且充满韧劲。

春饼的制法和吃法也和薄饼差不多，和好面，分成小剂，撒上干面粉，擀得尽量薄一些。烙春饼最好用平底的锅或者鏊盘，要不停地翻动，同时均匀淋洒盐水。烙好的春饼要用干净潮湿的布盖住，以保持饼的柔韧。吃的时候和薄饼一样，把菜卷入饼中。

明代小说《金瓶梅》中多次写到这类软而薄的面饼，都是卷上肉丝、菜丝来吃。比如第三十七回，厨下的老妈子端上来两叠软饼，“妇人用手拣肉丝细菜儿裹卷了，用小碟儿托了，递与西门庆吃”。

第五十九回，郑爱月与西门庆吃饭，吃的是荷花细饼，“郑爱月儿亲手拣攒肉丝，卷就，安放小泥金碟儿内，递与西门庆吃”。

适合春天吃的，除了春饼，还有一种新韭饼。从它的做法来看，很像今天的韭菜盒子。用生熟水和面，擀成薄片备用；猪肉先在热水中焯一下，切成碎肉末；春天的新韭菜细切，将肉末与碎韭菜混合，加入花椒末、胡椒末、葱末和酱调味，制成馅料。

把馅料摊在薄饼上，将面饼合起，成为半月的形状，压实边沿，在热锅中烙熟。春天里新鲜的韭菜刚下来，最适合制作这种饼，韭香浓厚，令人垂涎。

野饮花间百物无，杖头惟挂一葫芦。
已倾潘子错著水，更觅君家为甚酥。

明代的千层饼的制法，看起来也十分亲切。用生熟水和面，擀开成面片；猪脂肪细切，与盐、花椒末等撒到面片上，多用干面粉。然后把面片卷起，折叠起来，按平，再次擀为饼，烙熟，滋味香美。也可以用鸡油、鹅油代替猪脂肪。

酥油饼，就是髓饼，是一种古代的食物，《齐民要术》中就有记载，宋代京城的街头上也有卖。朱氏酥油饼的制法是：用芝麻香油或者菜油、杏仁油来和面，称为“油和面”。再用水和面，称为“水和面”。另外也可用蜂蜜或者糖和面，做成甜馅。

把油和面分成小剂，用作酥油饼的馅料，用水和面包住一块油和面，轻揉，折几折，把准备好的糖馅塞进去，裹紧，压平为饼，放在锅中烘烙。

另一款雪花饼，主料是绿豆粉，配以柿霜、薄荷粉、缩砂仁粉，混合之后，用蜂蜜和面，装入模具之中，制成小饼。

在《竹屿山房杂部》的“尊生部”中，也有一种雪花饼，称为

“无锡雪花饼”，制法比较独特。主料要选用品质好的面粉，一种重要的配料是猪油，熬制这种猪油是有一些讲究的：把肥猪肉切成骰子块，锅中加入少量水，放入肉块煎熬。煎出的猪油要立刻盛出来，再熬出再盛，不要让猪油长时间留在锅中。这样熬出的猪油颜色才白，才干净，香味才好。

用熬出的猪油和面，然后准备雪花饼的馅料，很简单，就是用砂糖与面粉混合成甜馅。每个面团中加入一些甜馅，压扁，擀制成小饼。接着是入锅中烙饼，这个过程也比较别致：先从灶底扒出刚刚烧过的草灰，铺在平底锅中，上面铺上一层纸，再把制好的小饼摆到纸上，盖上锅。准确地说，这种小饼全是用草灰的余温烘熟的。

这种雪花饼非常好吃，酥软甜香。它被称为“无锡雪花饼”，大概是在无锡那里比较风行。元末明初的饮食书《易牙遗意》中，有一种雪花饼，制法与此十分相近。明代《遵生八笺》中的雪花饼，制法也差不多。而且，这种用草灰在锅中烘饼的做法，在今天一些偏远的地方还能见到。

无锡雪花饼没有收录在《宋氏养生部》中，显示朱氏不做这种饼，那一种绿豆粉的雪花饼才是她的制法。

有一种米粉饼，主料是白米和白糯米，按照五比一的比例，淘洗浸泡之后，磨成细粉，加水和成面团。馅料包括炒熟的芝麻、白砂糖、松仁油等。把甜馅加入米粉团，装入饼模之中，压成饼，在锅中烙熟，甜而软糯。

如果把糯米和白米的比例颠倒过来，用四份糯米加一份白米，磨成细粉，用鲜牛奶和面。再用核桃仁、松子仁、榛子仁与砂糖混合，作为馅料。把馅包入米粉面，制成小饼，可以蒸着吃，可以煮着吃，名为乳粉饼。这种白皙软糯的小饼，其实和元宵是一个意思，吃法也差不多，只是朱氏称之为饼。

使用糯米粉为主料的，还有油饚和豆裹糍。和好的糯米粉，中间包裹糖豆沙或者蜜豆沙，入油中煎熟。豆裹糍是用蜜水来和面，制成小饼，和油饚一样，也要用到糖豆沙或者蜜豆沙，区别是豆裹糍把豆沙包裹在小饼的外面，厚厚的一层，煮着吃。问题是如何保证这些豆沙不会在制作的过程中散落到汤里去，不知道朱氏有什么好办法。

○酱烹鸭○炙鸭○油煎鸭○盐煎鸭○油爆鸡○蒜烧鸡○酒烹鸡○辣炒鸡○鸡生○酒烹猪○酸烹猪○萝卜卷○鸡子面○虾面○蟹卤扯面○包子○薄饼○春饼○新韭饼○酥油饼

蟹酿橙

〇九

林洪

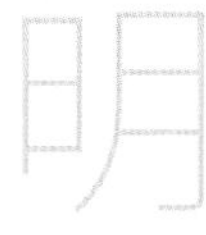

林洪，生卒年不详，字龙发，号可山，有《文房图赞》《山家清供》《山家清事》等著作。《全宋词》收其词一首，《全宋诗》收其诗十三首。

*

真正的山居生活，其魅力当然包括充满野趣的饮食。比如有一种面食“槐叶冷淘”，名气很大，具体制法是：

夏天采集鲜嫩的槐树叶，略煮之后捣碎，浸入水中过滤，用滤清的水来和面，制成的面条颜色碧绿可爱，而且带有槐叶的清新之气。面条煮熟之后再用冷水淘过，拌入醋、酱，盛入盘中，伴以蒜苗，又好看又好吃，最有山林意趣，而且清凉爽口，是盛夏季节的好食物。

这种吃法颇有历史，唐代宗大历二年，晚年的杜甫写过一首《槐叶冷淘》，开头几句就是：“青青高槐叶，采掇付中厨。新面来近市，汁滓宛相俱。”

盛夏季节，人们的餐桌上少不了这种爽口的冷淘面，皇帝当然也不例外，所以杜甫在诗的最后写道：“万里露寒殿，开冰清玉壶。君王纳凉晚，此味亦时须。”

万里露寒殿，开冰清玉壶。
君王纳凉晚，此味亦时须。

苏轼也喜欢这种清新可爱的面食，在一首《二月十九日携白酒鲈鱼过詹使君食槐叶冷淘》中说：“青浮卵碗槐芽饼，红点冰盘藿叶鱼。醉饱高眠真事业，此生有味在三余。”

只有一个真正的吃货，才能说出“醉饱高眠真事业”这种话来，而让苏轼这个吃货如此满足的，便是那一碗冷淘面。

青浮卵碗槐芽饼，红点冰盘藿叶鱼。
醉饱高眠真事业，此生有味在三余。

前文已提过，苏轼又把这种面称为“槐芽温淘”，原料最好是南都拨心面（也写作麦心面），用襄邑的猪肉制作面卤。

制作槐叶冷淘的方法，在《山家清供》中有细致的交代。《山家清供》是一本饮食汇编，以一个一个的菜肴、佳馔串联起来，每一款美食都会介绍相应的源流。

这本书的作者是南宋人林洪，字龙发，号可山，泉州晋江人。在宋理宗时代小有诗名，曾经编写过一部诗集，名为《大雅复古集》，主要收录南宋名家的诗作。又有《西湖衣钵集》等。

《山家清供》中，与槐叶冷淘类似的，还有一款梅花汤饼，也是在和面的环节比较特殊：首先把白梅花浸水，水中再加入檀香末，用来和面。然后擀成薄皮，用一个特制的梅花形铁凿，压出一个一个梅花样的小面片，加入汤锅中煮熟，再用鸡蛋清制作汤汁。细白而滑腻的梅花形面片，散发出阵阵清香之气，好看又好吃，是很有诗意的一道面食。

另一款洞庭饐，用的不是面粉，而是米粉。有一次林洪去东嘉拜访一位水心先生，附近的僧人送来一种食物，大小如同钱币，外面用橘叶包裹，吃到嘴里糯糯的，带着一股天然的清香之气。

有特点的美食总能引起林洪的兴致，他亲自赶到寺院之中，向那里的僧人请教这道美食的制法。僧人们也毫无保留，说起来制法十分简单：主料是米粉，配料是莲蓬和橘叶，先将莲蓬和橘叶捣汁，加入适量的蜂蜜，拌和米粉，将和好的米粉捏成铜钱大小的粉团，再用橘叶一个一个包裹起来，入锅中蒸熟。米粉团颜色碧绿，还没吃到嘴里，先闻到四溢的清香，让人联想到碧色的洞庭湖水，所以林洪把这种橘叶粉团称为“洞庭饐”。

铜钱大小的米粉团，用小小的橘叶包裹起来，应该还要用绳子扎住，制作起来一定很费工夫。一个成年人若要用它填饱肚皮，大概要吃上几十个。所以这一类小点心只能用作宴席上的点缀，添加一种野趣。不过，洞庭饐中的“饐”字指的是食物变质变味，或者进食的时候被噎住。挺好的一样食物，不清楚林洪为什么要取这样一个名字。

与此类似的，还有一种大耐糕，名字很奇怪，却有一段有趣的来历。北宋的向敏中是宋真宗时代的宰相，很受宋真宗的信任，官职不断升迁。向敏中对此的态度却一直出奇地平静，这让宋真宗感觉有些意外，感叹说：“向敏中大耐官职。”

到了南宋，向敏中有一位后代也做官，仰慕向敏中的荣光，在宴会的时候搞出一种食物，就取名叫大耐糕：主料使用大李子，削皮，去核，放进白梅甘草汤之中焯过，用蜂蜜调和松子仁、橄榄仁做成馅料，填入焯好的大李子中间，入笼蒸熟。从制法上看，以“糕”命名，并不妥当。不过，这确实是一种很别致的吃法。

大耐糕的巧妙之处，是将李子做成了一个容器，而这容器本身就是可以食用的美味，馅料也是素淡的山野之味。

如果把这种思路进一步扩展开来，还可以用其他瓜果作为容器，比如有一种“莲房鱼包”：选用新鲜的鱼，剔去骨刺，加入酒和调料制成鱼馅备用；挑选新鲜的莲蓬，底部截平，剜出莲子，把调好的鱼馅塞入莲子穴中；整个莲蓬的外面涂上蜂蜜，放入锅中蒸熟。拿出装盘，吃的时候佐以渔父三鲜，也就是莲子、菊花、菱子做的汤。

鲜美的鱼肉当中沁入了莲蓬的清香，且外表也十分别致。林洪曾经在季春坊的席上吃过这种莲房鱼包，还赋诗一首：锦瓣金蓑织几重，问鱼何事得相容。涌身既入莲房去，好度华池独化龙。林洪是一个懂吃的人，得到他如此的赞美，设宴的李氏心花怒放。人一高兴，出手就大方，他送给林洪一方端砚，五块龙墨。

锦瓣金蓑织几重，问鱼何事得相容。
涌身既入花房去，好度华池独化龙。

另一款蟹酿橙，和大耐糕、莲房鱼包一样别致，且更加鲜美：

挑选较大的橙子，将果蒂削去，掏出橙瓤，

留少量的橙汁在壳内。将蟹肉、蟹膏填入橙壳之内，把削掉的果蒂部分盖回去。蒸锅内加入水、酒、醋等，把带馅的橙壳摆入锅内蒸透。吃的时候，佐以苦酒和盐。香而鲜的滋味无与伦比，所以林洪说它“有新酒菊花、香橙螃蟹之兴”。

**

林洪在《山家清供》中记录的许多美食，都是他的朋友创制的。比如某一年林洪到武夷山游玩，住在僧人止止的寺院。正赶上山中下雪，他们在雪中捕到一只野兔。当时寺里没有厨子，林洪担心大家的手艺不好，糟蹋了这只兔子。

止止师父告诉林洪一个简便的办法，说起来就和今天的涮羊肉差不多：兔肉收拾干净，切成薄片，用酒、花椒、盐等腌制。锅中加入水，安放在火炉之上。水烧开之后，大家用筷子夹着腌好的兔肉片，探入滚汤之中摆一摆，很快就能熟。兔肉吃完之后大还可以喝掉锅中的汤汁。

这种吃法简单，而且大家围坐在炉边一起享用兔肉，锅中热气腾腾，让人有“团圞暖热之乐”。

五六年之后，林洪去到京城，在一位杨姓朋友的宴席上又遇到类似的吃法，吃时见肉片色泽如霞便作了一句诗：“浪涌晴江雪，风翻晚照霞。”大概这就是林洪为这道美食取名为“拨霞供”的缘由吧。

林洪有一位姓章的朋友在浙江德清做官，非常喜欢待客。他准备食物时，为了避免扰民，食材很少到市场去买，主要是取诸自然。有一次林洪前去拜访，他准备的是一款玉井饭：主料是新米和鲜藕，把鲜藕切块，采新鲜的莲子去皮，等到米饭煮开的时候，把藕块和莲子加入，最终做成的米饭与莲子、藕块的味道混合，甚是香美。

林洪把这种藕饭称为玉井饭，取自唐代文学家韩愈的一句诗："太华峰头玉井莲，开花十丈藕如船。"显然，玉井饭和槐叶冷淘一样，都用唐人诗句来命名。

南宋文学家杨万里写有一首《炙蒸饼》，诗中说："圆莹僧何矮，清松絮尔轻。削成琼叶片，嚼作雪花声。炙手三家市，焦头五鼎烹。老夫饥欲死，汝辈且同行。"

圆莹僧何矮，清松絮尔轻。
削成琼叶片，嚼作雪花声。
炙手三家市，焦头五鼎烹。
老夫饥欲死，汝辈且同行。

林洪根据这些诗句，总结出一道"酥琼叶"。就是把蒸好的饼切成薄片，涂上蜂蜜或者油，拿到火上烤炙，再放到纸板上，散去火气。吃起来口感松脆，香美异常，还有止痰化食的功效。

杨万里很喜欢萝卜，把它称为"辣底玉"。林洪在《山家清供》中介绍了一种萝菔面，萝菔就是萝卜，把萝卜捣烂，用萝卜汁和面，制成饼，味道十分鲜香。这道美食的原理与槐叶冷淘差不多。

萝卜是一种好食材，做汤尤好。林洪曾经访问骊塘书院，每天饭后，厨子都会端上来一碗菜汤，汤色青白可爱，喝到嘴里鲜美异常，连醍醐甘露都不及此。林洪向厨子询问做法，其实极简单，就是把萝卜切成细丝，加入井水煮烂，简单调味即可。林洪便称此汤为“骊塘羹”，这种羹汤吃的便是萝卜本身的鲜美。

林洪喜欢给美食起一些很别致的名字，这是他一贯的做法。比如柳叶韭，名字也好听，做法如下：

锅中加水烧开，投入盐，一把韭菜洗干净，手握这一把韭菜的梢尖部位，把韭菜的根部浸入烧开的盐水之中，剪去较老的梢，将剩余的根部投入锅中。捞出热烫的韭菜随即浸入冷水当中。捞出后甚脆，用竹刀切断，最后再加入调料拌食，颜色碧绿，口感脆美。

山间的肉食也少不了，比如这道山煮羊：羊肉切块，装入砂锅内，加入葱、花椒，后面的步骤是林洪自己的诀窍：将几枚杏仁槌碎，放入砂锅内，慢火炖煮。碎杏仁可以让羊肉煮得非常烂。林洪每每慨叹自己生不逢时，戏称如果自己是在汉代，凭借这个煮肉的秘方，可以换得一个关内侯。

山居生活，竹笋当然是不可缺少的一道美味。初夏是盛产竹笋的时节，有一种很有野趣的吃法，名叫“傍林鲜”。顾名思义，就是在竹林边就近吃竹笋，恐怕没有比这更新鲜的吃法了。

怎么吃呢？在竹林边收集枯干的竹叶，拢起点燃，明火熄灭之后，把刚从地里挖出的竹笋投入火中煨熟，味道极为鲜美。林洪认为，竹笋贵在新鲜，不应与肉为友，但世俗的做法，偏偏拿肉与竹笋相配合，其实并不恰当。

另一种吃法就复杂一些，名为“煿金煮玉”：新鲜竹笋切为片，加入调料。调制面糊，笋片粘上面糊之后，放进热油中炸过，色泽金黄，“甘脆可爱”。还有一种吃法，是用笋片与白米一同煮粥，滋味不错。僧人济颠《笋疏》写道：“拖油盘内煿黄金，和米铛中煮白玉。”两种吃法兼得。

也可以用竹笋包馄饨，把鲜嫩的笋、蕨在热汤中焯过，用油炒香，拌入酒、酱和调料，充当馄饨馅料，做成笋蕨馄饨。

竹笋也有荤腻的吃法，比如一款山海兜，又名“虾鱼笋蕨兜”：春天采收鲜嫩的笋、蕨等野生菜蔬，先在热汤之中焯过。鲜鱼、鲜虾等切块，蒸熟后加入熟油、酱、胡椒粉等，和野蔬一起用绿豆粉皮包裹，入锅中蒸过，野趣与野味俱存。

***

宋理宗的时候，林洪给皇帝上书，声称自己是北宋名士林逋的七代孙。

林逋，字君复，杭州人，自幼孤贫，性情恬淡，喜欢读书，后来隐居在西湖边的孤山之中二十多年。林逋书画均佳，他的诗“澄澹高逸，正如其人”，当时名气很大。他在孤山中植梅养鹤，人称“梅妻鹤子”。

林逋最著名的一首诗就是《山园小梅》：“众芳摇落独暄妍，占尽风情向小园。疏影横斜水清浅，暗香浮动月黄昏。霜禽欲下先偷眼，粉蝶如知合断魂。幸有微吟可相狎，不须檀板共金樽。”

众芳摇落独暄妍，占尽风情向小园。
疏影横斜水清浅，暗香浮动月黄昏。
霜禽欲下先偷眼，粉蝶如知合断魂。
幸有微吟可相狎，不须檀板共金樽。

林逋以梅花诗闻名，林洪在《山家清供》中也收录了不少与梅花相关的食物，除了前面说到的梅花汤饼，还有一种梅粥，也是用梅花来调味：

收拣掉落的蜡梅的花瓣，清洗之后用雪水略略煮过。大米粥煮到将熟时，把煮过的梅花瓣加入，共同煮熟。南宋的杨万里写过一首诗，可以作为这款梅粥的注脚：“才看腊后得春饶，愁见风前作雪飘。脱蕊收将熬粥吃，落英仍好当香烧。”

才看腊后得春饶，愁见风前作雪飘。
脱蕊收将熬粥吃，落英仍好当香烧。

通常情况下，蜡梅只能在寒冷季节欣赏，林洪记录了一种保存梅的办法，据说可以在盛夏六月闻到蜡梅的清香。方法很巧妙，十月后蜡梅待放，用一把竹刀小心把枝头含苞待放的蜡梅割下，在融化的蜡油中轻轻一蘸，然后放入蜜罐之中。实际是在蜡梅的外面包裹了一层蜡膜。

到了夏季，从坛罐中取出几枚封蜡的梅花，放进茶碗中，倒入热水泡一下，融掉表面的蜡膜，就又可以闻到蜡梅的芳香了。盛夏季节，这样的香气当然异常珍贵。林洪称其为“汤绽梅”。听上去很美，实际操作起来效果如何，有待验证。

和梅花一样，菊花也可以做食材。比如这道金饭：制法并不复杂。挑选紫茎黄色的菊花，锅中加甘草汤，汤中加入少量的盐，烧热之后把菊花在汤中焯一下取出。米饭微煮，微熟后加入焯过的菊花一同煮熟。做好的米饭有金黄颜色，风味独特，长期食用可以明目延年。

还有一道“菊苗煎”，主料是菊花，配料是山药粉、油和甘草水。用甘草水把山药粉调成糊状，新鲜的菊花在热水中略煮，取出，蘸上山药粉糊，放入热油之中炸透，香脆爽口，有山野风味。林洪喜欢用花卉入馔，除了梅花、菊花，还有芙蓉花、栀子花等。

《山家清供》搜罗山野美食，与之相对应的，林洪还写有一本《山家清事》，讲的是山中的各种清雅之事，比如如何种竹，如何种梅，如何相鹤。

在“酒具”一条中，林洪所论及的酒具，是可以随身携带着四处周游的那一种。酒杯最好是银制的。比较复杂的是装酒的容器。当时有一类器具，名为酒鳖，长约一尺五，形体发扁，实际就是一种漆制的扁酒壶，上部开有壶嘴，用塞子塞住，两边有一条皮带，出行的时候可以把它挎在肩上。

另有一种大漆的葫芦，中间有几个隔断，除了盛酒，还可以装一些下酒的果肴。出行的时候，可以整理出一个担子，两边分别放置书箱文具、雨具、古琴和酒具。林洪这样的文人，就算出门在外，精神与物质的享受也一点不肯打折扣。或者，如此折腾的过程本身，就是一种享受，就是一种乐趣。

○莲房鱼包○蟹酿橙○拨霞供○柳叶韭○山煮羊○傍林鲜○虾鱼笋蕨兜○骊塘羹○洞庭饐○大耐糕○玉井饭○煿金煮玉○金饭○梅粥

一〇 王世贞

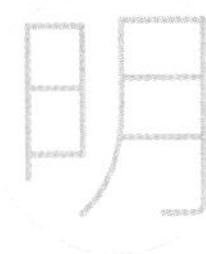

王世贞（1526—1590），字元美，号凤洲，又号弇州山人，南直隶苏州府太仓州（今江苏省太仓市）人，明代文学家、史学家。

*

西门庆在翡翠轩里陪伴好朋友应伯爵喝酒。前些日子，刘太监送给西门庆两包糟鲥鱼，重四十斤。现在西门庆吩咐下人，烫上木樨荷花酒，把糟鲥鱼蒸一些，拿来佐酒。

这是明代小说《金瓶梅》第三十四回的情节。两个人喝酒的时候，应伯爵说起自己制作糟鱼的事，他糟的不是名贵的鲥鱼，而是普通的鲫鱼。当然，那些鲫鱼也是西门庆送给他的，一共两条。一条被应伯爵转送给自己的哥哥，另一条一分两半，一半送给女儿，剩下的一半切成细长条，配上红糟，再拌一些香油，装入瓷罐当中。遇到客人来家，拿出几块蒸上一碟，就是一道好菜。

酸笋汤、乳饼

一共只有两条鲥鱼，应伯爵却在三处都有使用：送哥哥、送女儿，还能留下半条给自己解馋，且不是一下子吃掉，而是糟过保存，每天切上几块，蒸了吃，十分珍重，显示出应伯爵的家境并不宽裕。

说话之间，酒菜摆了上来，十分丰盛。“先放了四碟菜果，然后又放了四碟案鲜：红邓邓的泰州鸭蛋，曲弯弯王瓜拌辽东金虾，香喷喷油炸的烧骨，秃肥肥干蒸的劈晒鸡。第二道，又是四碗嗄饭：一瓯儿滤蒸的烧鸭，一瓯儿水晶膀蹄，一瓯儿白炸猪肉，一瓯儿炮炒的腰子。落后才是里外青花白地瓷盘，盛着一盘红馥馥柳蒸的糟鲥鱼，馨香美味，入口而化，骨刺皆香。西门庆用小金菊花杯斟荷花酒，陪伯爵吃。”

鲥鱼又称为箭鱼，鱼腹下面有箭头一样的细骨，“鳞白如银，其味甘美，多骨而速腐”，富于营养，可以补虚劳。每年夏季的四月鲥鱼最多，而且应时而来，每年的时间都一样，其他的季节没有，因此人们称之为鲥鱼。

鲥鱼的鱼皮与鱼鳞之间，最为美味，所以吃的时候，不去鱼鳞。据说鲥鱼也知道爱惜自己的鳞，一旦被网住，它便不动，害怕碰坏了自己的鱼鳞，这种鱼鳞还可以制作饰品。鲥鱼是海鱼，江水中也有，浙江富阳的鲥鱼滋味最好。

历代的吃货都喜欢鲥鱼。北宋有一个名叫彭渊材的人，行为怪异，嗜好鲥鱼。他曾经总结自己一生中的五大恨事，其中三条都与食物有关，排在第一位的就是鲥鱼多骨，第二是金橘太酸，第三是莼菜性冷。显然，这位先生是一个趣人。

明朝人也非常重视鲥鱼，《明史·礼志》中说，洪武元年，朱元璋拟定祭祀太庙的供物，每个月要使用不同的时鲜果菜，称为“荐新仪物”。其中三月的荐新仪物是茶、笋、鲤鱼和鮆鱼，四月是樱桃、梅、杏、鲥鱼和雉。

迁都北京之后，南方的鲥鱼作为贡品，每年都需要从南方用船运往北京。当时的保鲜能力很差，鲥鱼比别的鱼更容易腐败，又是放在闷热的船舱里，运到北京的时候，往往已经变质变臭。之后鲥鱼就从贡品中被去掉了。

明代著名学者胡应麟喜好鲥鱼，曾经写过一首诗，大肆赞美：“最爱鲜鳞出素波，金盘玉箸荐银梭。人生事事元堪恨，岂独鲥鱼骨太多。”在诗序中，他称鲥鱼也被称为“时鱼”，是水族中的佳品，缺点是鱼鳞、鱼刺太多，他自己酷爱其味，一次可以吃掉几盘。

如果是像西门庆家里那样先把鲥鱼糟过，一来便于长久存放，二来蒸熟之后骨肉酥烂，鱼刺再多也不怕，消除了鲥鱼最大的缺点。《金瓶梅》中也说到了糟鲥鱼的好处，是“馨香美味，入口而化，骨刺皆香”。

糟鱼的方法，在明代的《竹屿山房杂部》中能找到一点，应该适合所有的鱼类，包括西门庆的鲥鱼和应伯爵的鲫鱼。

把鱼收拾干净，稍稍晒一下，收入瓮中。加入酒糟、盐、熟油、川椒和葱等调料，封存起来。糟过的鱼，最适合蒸着吃或者油煎了吃。蒸的时候，细切为条或片状，加入鸭蛋液、花椒、葱白等，也可以在鱼片上放一点猪油。

具体到鲥鱼，《竹屿山房杂部》认为它肉质肥美，适合糟制。一种制法是将鲥鱼收拾干净，摆入锡制或者砂制的盆中，加入腊酒、醋、酱、水、葱和花椒等，入锅蒸熟。另一种方法是用花椒、葱、盐、香油等浇到鱼上，蒸熟。

当然，经过糟制的鲥鱼，也失去了许多鲜味，可以说是得失相兼。所以，西门庆府里的鲥鱼也不都是制成糟鱼，数量少的时候，也会趁鲜食用，最好是蒸着吃。

《中馈录》中谈到一种蒸鲥鱼的方法：鲥鱼不需要去鳞，除净鱼肠，用布擦干净血水，摆在容器内。把花椒、砂仁、酱等调料在一起捣烂，加入水、酒和葱等拌匀，倒在鱼上，入锅蒸熟。

《金瓶梅》第五十二回中，别人送来一头鲜猪，西门庆让厨子把猪肉卸开，用上椒料炖了猪头。正好应伯爵过来，西门庆把他留下，又派人去把另一个朋友谢希大叫过来，一边玩双陆，一边等着喝酒。

一个叫黄四的人又送了礼盒过来，里面装着一盒鲜乌菱、一盒鲜荸荠、四尾冰湃的大鲥鱼、一盒枇杷果。

应伯爵和谢希大二人一见，上前抓过来就吃。四条鲥鱼放了冰，说明是鲜鱼，不是糟货。西门庆又让仆人把鲥鱼也做了，三个人一通大吃。然后谢希大把李铭叫过来，从桌子上拿了些烧猪头肉和鸭子给他吃。应伯爵也拨了半段鲥鱼给他吃，说："我见你今年还没食这个哩，且尝新着。"

西门庆在一边说："怪狗才，都拿与他吃罢了，又留下做甚么？"

应伯爵要给自己留一点，顺便说起鲥鱼的珍贵和难得："等住回吃的酒阑，上来饿了，我不会吃饭儿？你们那里晓得，江南此鱼，一年只过一遭儿，吃到牙缝里，剔出来都是香的，好容易！

公道说，就是朝廷还没吃哩！不是哥这里，谁家有？”

**

最早提到小说《金瓶梅》的，是明代《万历野获编》的作者沈德符，他是从袁宏道那里听说过《金瓶梅》，但袁宏道自己也只看过其中的几卷。

三年之后，袁宏道的弟弟袁中道进京赶考，随身带着一部《金瓶梅》，沈德符借回抄写。袁宏道说《金瓶梅》是“嘉靖间大名士手笔”，书中指斥时事，一些人物可以与现实中真实的人物相对应，比如书中的蔡京父子是暗指严嵩父子，林灵素是指陶仲文，朱勔是指陆炳。其他一些人物也各有对应。

袁宏道还说，《金瓶梅》的作者还写了一部《玉娇李》，其中情节、人物都与《金瓶梅》前后承接，以显示人世的善恶轮回。其中也有对严嵩父子的影射，甚至直接写上嘉靖年间一些大臣的名字。其中“笔锋恣横酣畅，似尤胜《金瓶梅》”。

可惜，袁宏道到底没有明确说明《金瓶梅》的作者是哪一位。今天我们看到的《金瓶梅》署名为兰陵笑笑生，也就是那位“嘉靖间大名士”，其真实姓名一直让人困惑，历来答案不一。一种影响比较大的观点认为，此书的真实作者是王世贞。王世贞，字元美，自号凤洲，又号弇州山人，太仓人，十九岁考中嘉靖二十六年的进士，担任刑部主事。

王世贞对饮食是有研究的，他的《弇州四部稿》[1]一书中也收录了许多前代的食单和饮食轶事，作为太仓人，他对鲥鱼当然也很熟悉。

《金瓶梅》当中的许多饮食带有南方的特色，比如有几处写到了酸笋。第七十六回，西门庆在潘金莲那里，嘱咐春梅去给他做一些馄饨，让她把肉鲊打上几个鸡蛋，加上酸笋和韭菜，和成一大碗香喷喷的馄饨汤来。

肉鲊就是腌肉，揣测西门庆的一番话，这种馄饨应该是用腌肉加上鸡肉，调和为馅，煮馄饨的汤水里加入酸笋和韭菜，连吃带喝，酸鲜适度，让人很有食欲。所以西门庆吃过馄饨之后，再拿来一盒果馅的饼，吃得很是惬意。

这里用到了酸笋。酸笋的制作非常简单，把新鲜的竹笋剥去皮，切成片状或者块状，装入罐中，用水浸泡；也可以把笋完整地浸泡在水中，笋会慢慢地发酵变酸。做好的酸笋可以单独食用，也可以和其他食材配合，滋味好，又可以长期保存。

《云林堂饮食制度集》里有一道酣笋，但是用鲜笋制成的，制作方法要复杂一些：在水中加入适量的白梅、砂糖、生姜汁等调味料，再把鲜笋放入，腌制一段时间，宜冷食。这种酣笋的味道更丰富，其中当然也有酸味，差别在于，这种酸味来自白梅，而不是自然的发酵过程，也因此，这种酣笋不能长久保存。

西门庆家里常吃的还有一种酸笋汤。西门庆死后，春梅嫁给了一位守备大人，成了尊贵的守备夫人。西门庆当年的小妾雪娥

1　即《弇州山人四部稿》，为王世贞所撰文集，“四部”即《赋部》《诗部》《文部》《说部》，共一百七十四卷。

也在守备府里做厨娘，西门庆活着的时候，春梅与雪娥之间曾经有过矛盾，所以春梅现在要对雪娥摆一摆主子的威风，提出要喝鸡尖汤，要求多放一些酸笋，做得酸酸辣辣的给她喝。

所谓鸡尖，指的是小鸡翅膀的尖部，剔出里面的鸡骨头，连皮切成细细的丝。鸡翅的肉口感滑嫩。当然，除了鸡翅，菜中也要用到鸡身上其他的部分，使用的辅料比较多，其中就有酸笋："原来这鸡尖汤，是雏鸡脯翅的尖儿碎切的做成汤。这雪娥一面洗手剔甲，旋宰了两只小鸡，退刷干净，剔选翅尖，用快刀碎切成丝，加上椒料、葱花、芫荽、酸笋、油酱之类，揭成清汤。盛了两瓯儿，用红漆盘儿，热腾腾，兰花拿到房中。"

酸笋汤可以开胃，调动食欲，很受人欢迎，所以也出现在清朝的大观园里。《红楼梦》第八回，贾宝玉就一口气喝下两碗酸笋鸡皮汤，又吃了半碗碧粳粥。

***

《金瓶梅》中的饮食，有时候相对简单，却也很讲究。比如第六十二回，李瓶儿生病，王姑子带着礼物前来探望，礼物是"一盒儿粳米、二十块大乳饼、一小盒儿十香瓜茄"。李瓶儿挣扎着坐起来，让人拿粳米去熬了粥，拿出王姑子的礼物来吃，包括一碟十香甜酱瓜茄、一碟蒸乳饼、两盏粳米粥。

书中的乳饼是蒸制的，而且蒸得黄霜霜，成分和制法与《竹屿山房杂部》的乳粉饼差不多。

有时候书中的饮食则要丰盛得多。第二十七回，西门庆和潘金莲在葡萄架下吃酒，春梅、秋菊提来食盒，里面装了八样细巧美味的果菜，“一小银素儿葡萄酒，两个小金莲蓬钟儿，两双牙箸儿，安放一张小凉杌儿上”。

第四十九回，西门庆款待一位胡僧。当天正好是李娇儿的生日，胡僧又不忌酒肉，所以摆上的酒菜相当丰富：

“先绰边儿放了四碟果子、四碟小菜，又是四碟案酒：一碟头鱼、一碟糟鸭、一碟乌皮鸡、一碟舞鲈公。又拿上四样下饭来：一碟羊角葱炒炒的核桃肉、一碟细切的饹饣末样子肉、一碟肥肥的羊贯肠、一碟光溜溜的滑鳅。次又拿了一道汤饭出来：一个碗内两个肉圆子，夹着一条花肠滚子肉，名唤一龙戏二珠汤，一大盘裂破头高装肉包子。”

这些美食还不够，喝酒之后，又端上来一碟寸扎的骑马肠儿、一碟了腌腊鹅脖子，新鲜的葡萄和李子，最后是一大碗鳝鱼面与菜卷儿。

好酒好菜好面，让这个贪吃的和尚胡僧一通好吃，撑得眼睛都直了。

《金瓶梅》中比较有特色的菜肴还有不少，除了前面说到的糟鲥鱼和鸡尖汤，另一个是酿螃蟹。第六十一回，西门庆借给常峙节一笔钱，帮他买了房子。常峙节要感谢西门庆给自己帮忙，让老婆做了四十只酿螃蟹，外加两只炉烧鸭，和应伯爵一起过来酬谢西门庆。书中对酿螃蟹的做法并没有细致地讲，只说四十个大螃蟹，“都是剔剥净了的，里边酿着肉，外用椒料姜蒜米儿，团粉裹就，香油煠，酱油醋造过，香喷喷酥脆好食。又是两大只院中炉烧熟鸭”。

正赶上吴大舅到府里来，西门庆把他留下，加上应伯爵、谢希大、常峙节，一共是五个人。西门庆让家人开了一坛子菊花酒，摆上酿螃蟹和烧鸭子，大家一通好吃。那一道酿螃蟹引来一片喝彩，吴大舅和谢希大都不知道酿螃蟹是用什么做的，只夸它“这般有味，酥脆好吃”。吴大舅又说：“我空痴长了五十二岁，并不知螃蟹这般造作，委的好吃。”

从这段话可以推测，当时的酿螃蟹是把蟹肉、蟹黄掏出来，另外加进一些作料，重新装回蟹壳，再用加了调料的面糊从外面裹住，拿油煎炸过，所以谢希大不知道这一道美味是用什么做的。这么吃的好处是，客人不必自己动手剖解螃蟹，用筷子夹着吃就可以了，既方便又雅观。

类似的菜品，宋代的《梦粱录》中有一种酿枨蟹，枨就是橙，应该和《山家清供》里的那一款蟹酿橙差不多，把蟹肉和蟹黄放进橙子里蒸熟，而不是放在蟹壳里。

在三十五回中又出现一种腌蟹。韩道国给西门庆送礼，送的是一坛金华酒、一只水晶鹅、一副蹄子、四只烧鸭、四尾鲥鱼。西门庆留下金华酒和水晶鹅，让人把其余的东西又送了回去。然后把应伯爵和谢希大叫来，加上韩道国，又添了些菜，四个人一起喝着金华酒，吃水晶鹅。

应伯爵和谢希大二人，每次到西门庆这里吃饭，从来不会客气，吃起来如同风卷残云，都像是饿了几天，一直在等着这一顿饭。应伯爵吃过了水晶鹅，又开口要螃蟹吃。原来有人给西门庆送来两包螃蟹，月娘她们吃过，剩下一些腌了起来。

西门庆就让人取来腌螃蟹，做好之后端上两盘子，被应、谢二人抢着吃光。腌蟹肯定不会是盐腌，要么是糖蟹，要么是醉蟹。

西门庆家里另一样特色菜是烧猪头。第二十三回中，孟玉楼、潘金莲和李瓶儿一起下棋，李瓶儿输了五钱银子，按照事先的约定，拿出三钱银子买金华酒，剩下的二钱银子买了一个猪头和四只蹄子，交给来旺媳妇蕙莲，“（蕙莲）于是走到大厨灶里，舀了一锅水，把那猪首、蹄子剃刷干净，只用的一根长柴禾，安在灶内，用一大碗油酱并茴香大料，拌的停当，上下锡古子扣定。那消一个时辰，把个猪头烧的皮脱肉化，香喷喷五味俱全。将大冰盘盛了，连姜蒜碟儿，用方盒拿到前边李瓶儿房里，旋打开金华酒筛来”。

蕙莲的手艺真是好，整个过程做得干净利落，一气呵成。换了别人，面对那一个毛扎扎的大猪头，连带四个生硬的蹄子，会感觉束手无策。蕙莲只用了一个时辰，就香喷喷地端到主人面前。

○糟鲫鱼○糟鲥鱼○蒸鲥鱼○骑马肠儿○腌腊鹅脖子○酿螃蟹○腌螃蟹○劈晒雏鸡脯翅儿○烧猪头○鸡尖汤○酸笋馄饨○乳饼

鲜莲子

二一 高濂

明

高濂，明代著名戏曲作家、养生学家、藏书家。字深甫，号瑞南道人，钱塘（今浙江杭州）人，所作传奇有《玉簪记》《节孝记》，诗文集《雅尚斋诗草二集》《芳芷栖词》。其养生著作《遵生八笺》是中国古代养生学的集大成之作，另有《牡丹花谱》《兰谱》传世。

*

清代小说《醒世姻缘传》中，狄员外给儿子狄希陈找了一位老师，教他读书。老先生给学生们出对子，每个人对完了才准回家。狄希陈说他从来没有对过对子，老师就给他出了一个最简单的，是两个字“薄雾”。一个同学对的是“轻风”，狄希陈想了半天，对的是“稠粥”。

从字面上看，狄希陈对得也算工整，但是稠粥太俗，所以老先生替他改成“长虹”才算过关。

《醒世姻缘传》以明代山东生活为背景，世俗气息浓郁。第二十四回中，描写丰收年景百姓的生活，在饮食方面如此写道：“家家都有腊肉、腌鸡、咸鱼、腌鸭蛋、螃蟹、虾米；那栗子、核桃、枣儿、柿饼、桃干、软枣之类，这都是各人山峪里生的。茄子、南瓜、葫芦、冬瓜、豆角、椿牙、蕨菜、黄花，大囤子晒了干，放着过冬。”

写到一天里早晨的饭食，小说里这样说：“清早睡到日头露红的时候，起来梳洗了，吃得早酒的，吃杯暖酒在肚。那溪中甜水做的绿豆小米粘粥，黄暖暖的拿到面前，一阵喷鼻的香，雪白的连浆小豆腐，饱饱的吃了。”

这里写到的粥，原料是小米和绿豆，用溪流之水，熬得黏黏的、暖暖的，最适合早晨来吃。

小说中提到了当时的一句俗语：“大年五更呵粘粥，不如不年下。”很有山东方言味道的一句话，从中可见，喝粥毕竟只是一种辅助，聊胜于无，不能当成正餐。如果遇到饥荒之年，有良知的富裕人家会拿出粮食来，开设粥厂，煮粥救济百姓。这种粥不会像小米绿豆粥那么讲究，也不会太黏稠，却可以救命。

粥的这种微薄之意也被引申开来，比如当时哪家生了小孩子，到了第三天，亲朋会带着礼物来，叫作“送粥米”，也可以直接送银钱，用红纸封上，写上“粥米银几两”，主人家会做一些发面馍馍回送给客人。

粥食如此常见，所以狄希陈在老师面前做对联，憋了半天，想到的还是身边最熟悉的这一种食物，也符合人之常情。

小米绿豆粥之外，明朝还有许多其他的粥品，比如明代养生著作《遵生八笺》中就有一种绿豆粥，不知道用的是不是小米。做法是：锅中多加水，先把淘净的绿豆下锅，煮烂以后再下米，紧火熬熟。放凉以后再吃，口感更好，但这种粥不宜多吃。

《遵生八笺》中有许多种粥，比如芡实粥：新鲜的芡实磨成膏，或者把干芡实磨成粉，与粳米一起煮粥，可以益精气、强智力、聪耳目。或者把莲子去皮煮过，捣烂，加入糯米煮成粥，功效与芡实粥相当。

梅粥：用雪水熬米粥，粥熟之后，撒入一些干净的梅花花瓣，一滚后随即把粥盛出。这种粥的特别之处全在梅花的香与色，所以不宜让花瓣熬煮的时间过久，会失去芳香之气。

这些粥的特点是素淡。当然，荤肥的吃法也有，比如一种肉米粥：将煮熟的肉切成细小的肉丁，茭白、鲜笋、松仁等同样切碎。把白米煮成软饭，锅中倒入澄净的鸡汤或者肉汤，虾汤也可以，把米饭和切好的肉丁等辅料一起投入汤中，烧开即可。

粥煮好了，还要有合适的小菜，吃起来才畅快。《醒世姻缘传》中，与绿豆小米粥相配的是雪白的连浆小豆腐。但喝粥，最好的佐味其实是火腿、风鱼，最不能缺少的是几碟爽口的小咸菜。

这样的小咸菜在《遵生八笺》里也能找到不少。酿瓜：挑选比较大的老黄瓜，纵向切成两瓣，掏去内瓤，用盐杀出水分。调料用生姜、陈皮、薄荷、紫苏等，切为细丝。拌入茴香、砂糖、炒砂仁等调料。然后一起放入黄瓜内，把两瓣黄瓜合起来，用线紧紧捆扎，放入酱缸之中浸泡五六天，取出之后，连瓜内的材料一起切碎，晒干以后收藏，慢慢食用。从制法上看，这是很爽口、很有滋味的一道小菜，方便食用。

类似的还有一种蒜瓜，这次用的不是老黄瓜，而是要挑选那种嫩小的黄瓜。以一斤黄瓜为例，先用石灰和白矾混合，拌入水中，把这种水烧到滚热，把嫩小的黄瓜放入水中焯过，晾干。用半两盐腌上一夜，另用半两盐与三两蒜瓣一同捣烂，拌到小黄瓜上。坛中加入适量的酒和醋，把制好的小黄瓜放入坛中浸泡，坛子存放在阴凉处。这样泡制好的小黄瓜又脆又嫩，酸咸适口，还有一点酒香。

酸酸甜甜的还有一种糖醋瓜。采摘六月的白生瓜，切开为两片，去瓤，进一步切成一寸大小。放入容器之中，加盐，杀出水分之后，取出摊放到日下曝晒至半干。拌入橘皮丝、姜丝、花椒皮、盐。最重要的调料是砂糖和醋，二者的比例大概是一比二到一比三之间，比例是否得当，影响最终的口味。醋要在锅中熬沸再用，糖醋加入拌好的瓜片，一夜之后，翻转一次，再隔一夜，收入干净的容器之中，在阴凉处保存。最终得到的结果就是滋味甘酸、口感清脆的一样泡菜，是各种米粥最好的伴侣，也是最适合普通大众的一种佐餐食物。

**

《遵生八笺》的作者是高濂，字深甫，号瑞南道人，又号湖上桃花渔。高濂是浙江杭州人，生活在明代晚期，曾经在鸿胪寺担任过职务，对朝典礼仪等非常熟悉。

《遵生八笺》中的八笺分别是清修妙论笺、四时调摄笺、起居安乐笺、延年却病笺、饮馔服食笺、燕闲清赏笺、灵秘丹药笺、尘外遐举笺。其中一笺就与饮食相关，即“饮馔服食笺”。从八笺的名目来看，高濂是从养生的角度来谈论饮馔的。准确地说，成书于明朝万历年间的《遵生八笺》是一部养生书。

“饮馔服食笺”中的许多菜品，源自前代的饮食著作。而在选取前人菜肴的时候，高濂有一个清晰的原则，就是选择那些食材普通的、常见的，不追求奇珍异味，“惟取实用，无事异常”。高濂认为，那些奇珍异味自然会有富贵之家收录，“为天人之供，非我山人所宜”，所以全部放弃。

高濂生活的时代比《竹屿山房杂部》的作者宋诩稍晚一些，但两个人的家乡距离不远，饮食上差别不大，所以他们选择的菜品有许多重合的地方。

比如《竹屿山房杂部》中的蛤蜊菜不少，有清烹蛤蜊、清烹白蛤、蛤蜊鲊等，具体做法是：先将蛤蜊或白蛤在释米水中浸泡一天，待其吐尽泥沙。锅中加水，沸腾之后加入川椒、葱白和白酒调味，再把蛤蜊或者白蛤投入汤中，用勺子不停地旋动翻转，看见蛤蜊开口，就可捞出，不要煮得太老，吃起来肉质才能鲜嫩肥满。

尝项上之一脔，嚼霜前之两螯。
烂樱珠之煎蜜，滃杏酪之蒸羔。
蛤半熟而含酒，蟹微生而带糟。
盖聚物之夭美，以养吾之老饕。

这道菜的火候很重要，只要蛤蜊开口就成，要的就是蛤肉的肥嫩。实际上此时蛤肉只能算是半熟，苏轼在《老饕赋》所说的“蛤半熟而含酒，蟹微生而带糟”，指的大概就是这一种清烹蛤蜊。

相比之下，《遵生八笺》里的蛤蜊菜就简单多了，只有一种燥子蛤蜊：蛤蜊煮熟，去壳，蛤蜊肉铺在碗底，备用。把猪肉切成小骰子块，加适量的酒，煮至半熟，加入酱、花椒、砂仁、葱白、盐、醋等调味。绿豆粉用水调开，倒入锅中，搅拌，一起烧开，盛出，浇到蛤蜊肉上，最后撒上一些韭末、葱末。

在碎肉之中加入绿豆粉，类似于今天的勾芡，为的是让汤水变得浓稠一些，敛味敛形。

高濂重视饮食，强调饮食的重要性，他说："饮食，活人之本也。是以一身之中，阴阳运用、五行相生，莫不由于饮食。"

阴阳五行的运行转化离不开饮食的推动，所以高濂认为，饮食是生命活动的动力源泉："饮食进则谷气充，谷气充则血气盛，血气盛则筋力强。"又说："由饮食以资气，生气以益精，生精以养气，气足以生神，神足以全身相须以为用者也。"

所以，高濂大谈茶水，谈粥糜，谈蔬菜，谈脯馔、面粉、糕饼、果实，根本的目的其实都是在谈论遵生、谈论养生。从这个意义上说，把食物烹制得美味可口，不是满足口舌的嗜好，而是为了让人吃得更多一些，获得更多的能量，所以《遵生八笺》里也有许多美味的肉菜、鱼菜。

比如一种甜味的糖炙肉：把猪肉去皮去骨，切成两寸大小的薄肉片，加入适量的砂糖、酱、大小茴香、花椒等调料，拌好之后拿到日头下稍稍晒一晒。锅内放入香油，烧热之后，把入味的猪肉片下入油锅内，慢火煎炸而熟。肉片滋味甜香，酥爽可口。

如果把煎炸换成烘烤，就是另外一种菜，名为烘肉巴：选取细嫩的瘦猪肉，切成细长的薄片，所加的调料与椒腌、晾晒的过程都和糖炙肉差不多。将平底锅放在炭火上烧热，腌好的肉片放到上面，煎烤食用。显然，烧烤类的肉自古就受到欢迎，这与原始的狩猎和饮食习惯相通，差别只在于制作过程的精致程度。

南方多鱼，吃鱼的方法很多，不过，如何把鱼保存好，使其不变质，是一个问题。《遵生八笺》中介绍了一些方法，除了风鱼、炙鱼，还有一种酒发鱼，可以把鱼保存一两年。

选取大鲫鱼，去鳞去眼，破腹除去肠胃，用干净的布把鱼体内外擦干，过程之中不能用水。将酒曲、盐、胡椒、茴香、川椒、干姜等拌匀之后塞入鱼腹。一层鱼、一层调味料，装入坛中，最后密封坛口。

五十天之后打开坛子，把鱼翻转，重新装入坛中。这一次还要在坛中倒入好酒，把鱼完全浸没，三个月之后才算完成。这种酒发鱼，可以存放一两年不变质，味道也浓，但鲫鱼本身的鲜味估计所剩无几。

⚘⚘⚘

与鱼、肉相比，《遵生八笺》里的素菜更多，比如一种山药拨鱼，香滑好吃，名字虽有“鱼”，却是货真价实的素菜：白面粉一斤、豆粉四两，用水调成糊状。山药煮熟之后碾烂，与粉糊混合。锅中加清水烧开，用匙子把调好的粉糊一下一下拨入汤中，呈长条的形状，看上去如同一条条小鱼。熟后捞出，浇上肉汤食用，口感香滑。也可以简单地加一些糖，自是另一种风味。最重要的是，粉糊的稀稠一定要调配得恰到好处，太稠会影响口感，太稀会不成形状，变成一锅糊涂酱。

另一种酿肚子，是荤素搭配的典型：莲子肉去皮，白糯米淘洗干净，混合一处。猪肚收拾干净，将莲子、糯米灌入，中间和两端用线绳扎紧，放入锅中煮熟。取出以后趁热用重物压实。冷却之后，切片食用。

善于养生、精于美食的高濂自称“山人”，这一点和元代的林洪很像。在《遵生八笺》的最后一卷，高濂列举历代的隐逸之士，如江上渔父、东海隐者、陶渊明、陆龟蒙等等，用这种方式向他们致敬，同时表达自己的志向。

夕阳在山，饮兴未足；春风满座，不醉无归。宾主两忘，形骸无我。碧筒致爽，雪藕生凉。凭高舒啸，临水赋诗，酒泛黄花，馔供紫蟹。

高濂喜欢随身携带酒食，与朋友一起出游，在湖滨林畔享受美味，“时值春阳，柔风和景，芳树鸣禽，邀朋郊外踏青，载酒湖头泛棹”。在看山弄水、行歌踏月的同时，还要品茶饮酒。

季节不同，高濂游赏的地点和方式也不同。春天到水边洗浴饮酒，“夕阳在山，饮兴未足；春风满座，不醉无归”；夏天散发披襟，泛舟于清水之上，碧荷清芳，“宾主两忘，形骸无我。碧筒致爽，雪藕生凉”；秋天则登高长啸，临水赋诗，“酒泛黄花，馔供紫蟹。停车枫树林中，醉卧白云堆里”；冬天则冒寒探梅、观雪品酒、僧舍吟诗、泛舟载月。如此成就一岁的快乐。

经常出游，必须有合适的装备，大到代步的轿子、小舟，小到手里的拂尘、竹杖，随身戴的斗笠，高濂都十分讲究，各有想法。

其中，与野外的饮食相关的器具也不少。比如高濂自制的一种提炉，高一尺八寸，宽、深稍短，内藏炉灶和水壶、小锅、小桶，可以在野外烧水烹茶，可以烫酒，可以煮粥。外观整齐，便于携带。

另有一种自制的提盒，外观很像家中的小橱。盒里分隔开许多小的空间，分别存放酒杯、酒壶、劝杯、筷子；还有专门安放果碟、菜碟的地方，紧凑而且全面。外面有门，可以加锁。提盒里的食物，能够供六个人享用。提盒的体积与提炉差不多，正好可以用一根扁担挑起来。

高濂自称山人，所用的器物自然要有山人的风格。比如他所用的酒杯是用树上的瘿瘤制成，依据天然的外形，有的称为桃杯，有的称为芝杯，有的称为莲杯。人在山野中间，用这样的酒杯来饮酒，别有趣味。

另一种瘿瓢，专门用来汲取山泉。这类瘿杯、瘿瓢，质地坚硬，制作时经过了细致的打磨，内外光滑如漆，明亮照人，不受尘污，不怕水湿，既是方便实用的器物，又是精美的赏玩之物。

高濂喜欢吃新鲜的莲子，他认为早晨水汽最足的时候莲子最好吃，滋味最鲜美。日出之后，一旦水汽消散，莲子的滋味就要打一些折扣。为了抓住短暂的时机，高濂会在半夜里赶到西湖的岳王庙边，那里莲子极多，等到天亮的时候，高濂已经吃掉百十个莲蓬了。

莲子之外，还有莲藕。高濂认为，莲藕以出水者为佳，颜色微微泛绿的藕，味道最好。高濂讲过湖藕的一种吃法，很有一点儿湖山气息：把藕切成小块，在开水中焯过，用盐杀出水分。与姜丝、橘丝、大小茴香和蒸熟的黄米饭一起捣烂，加入葱、油等调料

○糖炙肉○烘肉巴○酿肚子○酿瓜○蒜瓜○糖醋瓜○燥子蛤蜊○梅粥○芡实粥○绿豆粥

拌和，外面再用新鲜的荷叶包裹，用重物压上一夜，便可食用。

莲藕、藕粉和莲子都有益于健康，所以莲藕又被称为水芝，性寒，无毒，味甘平，可以养神益气。经常食用，能轻身耐老，延年益寿。提取藕中的淀粉，也就是藕粉，食用之后也可以轻身延年。莲子同样性寒，生吃有寒气，蒸食最合适。

西湖中的三塔边，生有莼菜，数量多，味道好。同时塔的基座附近还有一种野菱，味道甘甜鲜美。盛夏季节，高濂经常乘船到那里，采莼剥菱，既有野游的趣味，又享受了美味。人在水滨，采莲剥芡、削瓜断藕，浅饮而微醉，听起来就是十分惬意的事情。

三二

方以智

方以智（1611—1671），字密之，号曼公，又号鹿起，别号龙眠愚者，出家后改名弘智，字无可，人称药地和尚。南直隶安庆府桐城（今安徽桐城）人。明代思想家、哲学家、科学家。明末四公子之一。家学渊源，博采众长，主张中西合璧，儒、释、道三教归一。

*

明代小说《金瓶梅》中有一种神秘的美食，称为“酥油鲍螺”，也称“酥油泡螺儿”。小说第五十八回中，应伯爵在西门庆府上，看见小童子端上的果碟里有鲍螺，一共两种，一种是纯白色，一种是粉红色，上面都沾着飞金，应伯爵“就先拣了一个放在口内，如甘露洒心，入口而化”。

应伯爵连声称赞这东西好吃，西门庆解释说，这是六娘李瓶儿亲手拣的。到了六十七回，李瓶儿已死，这一天天降大雪，郑爱月让弟弟郑春拿了两个食盒给西门庆送过来，一盒里面是果馅的顶皮酥，另一盒里装的是酥油泡螺儿。

梅丸

郑春说：“此是月姐亲手拣的，知道爹好吃此物，敬来孝顺爹。”

应伯爵正好也在场，说：“好呀！拿过来，我正要尝尝！死了我一个女儿会拣泡螺儿，如今又是一个女儿会拣了。”

应伯爵自己先吃了一个，再拿一个递给一边的温秀才，说：“你也尝尝。吃了牙老重生，抽胎换骨。眼见稀奇物，胜活十年人。”

温秀才把泡螺放进嘴里，立刻融化，说：“此物出于西域，非人间可有。活肺融心，实上方之佳味。”

从《金瓶梅》的描述来看，鲍螺和泡螺是一回事，是用酥油制成，由西域传过来，外形像螺壳一样，可以做成彩色的。制作泡螺完全要依靠手工，所以书中用的是一个“拣”字。这种绝活儿需要特殊的技艺，一般人不会，用郑爱月的说法，是手上要掌握好分寸，拿捏好火候。

张岱在《陶庵梦忆》“乳酪”一条下面，记录了一种“带骨鲍螺”，应该与《金瓶梅》中的泡螺类似。制作者是苏州人过小拙，主料是牛奶，“和以蔗浆霜，熬之、滤之、钻之、掇之、印之，为带骨鲍螺，天下称至味”。这位过小拙对鲍螺的具体制法严格保密，即使父子也不轻传，绝不肯透露半点。

明末清初的学者方以智在他的《物理小识》中也记录了一种“醍醐酥酪抱螺”，用了“抱螺”和“泡螺”两个名字，其实是同一种食物。其制法是：将新鲜的牛奶放入瓮中，用一种特制的十字木架搅动，奶浆表面凝结的部分，加上浓稠的部分，收集起来放在一起，煎煮为酥，其余清淡部分称为醍醐。天冷的季节，可以加糖制为乳饼、乳线。或者加入羊脂，烘热以后加入蜂蜜，滴到水中，制成泡螺。

关于泡螺制法最详尽的描述，出现在清初的饮食著作《食宪鸿秘》中，名字改为“乳滴”，又注明“南方呼焦酪”。主料是牛奶，熬过之后，用绢布过滤，去净膻味。牛奶入锅中，加白糖熬热，用小勺盛出，滴入冷水盆中，凝结起来。也可以加入胭脂、栀子等，染出不同的颜色。这一切都与《金瓶梅》中的描述非常接近。看来，这样美食其实并不神秘，只是制作的难度比较大。

《物理小识》是明代方以智的著作，此前他曾写过一部《通雅》，考证名物、象数、训诂、音声等，《物理小识》是对《通雅》的补充和延续。

《通雅》的第三十九卷专谈古今饮食，《物理小识》第六卷也专谈饮食，从中可以看出方以智学问之渊深。

方以智，字密之，自号浮山愚者，安徽桐城人。方以智生得姿态俊逸，早年就有文名。崇祯十三年考中进士后，成了翰林院的编修。《通雅》一书大约完成于崇祯十四年，《物理小识》更在此之后。

方以智学识渊深、诗文俱佳。《永历实录》说他多有才艺，“书法遒整，画尤工；弈棋亦入能品，尤嗜音律，喜登眺。至是放情山水，觞咏自适，与客语不及时事”。

**

也是《金瓶梅》的六十七回，西门庆等人吃过泡螺之后，童子又端出一碟黑黑的团子，用橘叶裹着。应伯爵猜不出橘叶里面包着什么东西，拿起来闻，闻到一股喷鼻的香气，吃到嘴里犹如饴蜜，细甜美味。

西门庆解释说，这东西是从杭州捎过来的，名叫衣梅，“都是各样药料，用蜜炼制过，滚在杨梅上，外用薄荷、橘叶包裹，才有这般美味。每日清晨噙一枚在口内，生津补肺，去恶味，煞痰火，解酒克食，比梅酥丸甚妙”。

明代的《竹屿山房杂部》中也载有衣梅的制法。主料是杨梅，与红砂糖一同入锅中熬过，乘热加入鲜姜丝、薄荷叶丝。然后拿到日下晒干，入臼中捣烂，制成丸状。显然，这种衣梅和《金瓶梅》中的有些差别。

方以智在《物理小识》中也介绍了一种梅丸。用甘草、薄荷、乌梅、干葛、盐、白梅等材料，外加何首乌和白茯苓等，共同研为细末，用蜂蜜炼制成丸。这种梅丸含在嘴里，可以长久不觉干渴，适合走远路的人。实际上与衣梅的功效差不多，可以生津。

西门庆说话时提到的梅酥丸，是一种丸药。明代的《遵生八笺》中有一种类似的梅苏丸，用的不是杨梅，而是乌梅肉，配料包括紫苏叶、干葛、檀香、盐、糖等，与乌梅肉一起研为泥，制为丸，功效是生津止渴，与衣梅差不多。

清代的《食宪鸿秘》中也收录了梅苏丸，又收了几种梅酱。一种是取熟梅，捣烂，不见水，不加盐，晒十天，拣去皮、核，加入紫苏，再晒十天，保存起来。吃的时候可以加盐或者加糖。另一种是甜梅酱，取熟梅，去皮，用丝线割下梅肉，加白糖拌匀，加水煮透晒干。

《金瓶梅》中，类似泡螺、衣梅一类的小零嘴不少，相比之下，像干板肠一类的东西就显得很普通了。第五十回中有一桌饭食，包括四碟子干菜，其余几碟都是鸭蛋、虾米、熟鲊、咸鱼、猪头肉、干板肠儿之类。这一桌吃食，是给玳安等下人享用的，应该是明代民间普通的食物了。

板肠有马肠、驴肠等。宋代人认为，食用牛肠、羊肠的习俗最早来自西南，唐代的《岭表录异》中所记录的“不乃羹”是其源头。当地人食用牛羊的肠子和五脏，只是略略摆洗一下，就用来制作羹汤，所以闻起来臭不可近，吃过以后却大觉味美。

有人因此认为，板肠最早应该是“摆肠”。到了宋代时，食用板肠已经很普遍，黄庭坚写过一首《次韵谢外舅食驴肠》，其中有“垂头畏庖丁，趋死尚能鸣。说以雕俎乐，甘言果非诚。生无千金辔，死得五鼎烹。祸胎无肠胃，杀身和椒橙”等句。

《夷坚志》中有一则“韩庄敏食驴”的故事，看了让人很不舒服。韩丞相性情严毅，令行禁止。平时他最喜欢的一道菜就是驴肠，吃的是驴肠的脆与滑。要做到这一点，烹调的火候最为重要。火候不到，驴肠坚韧；火候太过，驴肠又会糜烂，没有嚼头。

韩丞相每次请客，驴肠都是必不可少的一道菜，许多客人也喜欢吃，往往要送上几盘才够。韩丞相非常重视这道菜，韩府的

垂头畏庖丁，趋死尚能鸣。
说以雕俎乐，甘言果非诚。
生无千金辔，死得五鼎烹。
祸胎无肠胃，杀身和椒橙。

春风都门道，贯鱼百十并。
骑奴吹一吷，驵骏不敢争。
物材苟当用，何必渥洼生。
忽思麒麟楦，突兀使人惊。

厨子当然非常小心，万一这道菜失败，会受到严厉的处罚。所以厨子事先会把一头活驴拴在柱子上，听见那边准备开宴，立刻刺破驴腹，抽出驴肠，清洗之后放入滚汤之中略煮，随即取出，加入调料，端到席上去。

到这时厨子还不放心，手里拿着一些纸钱，紧张地守在门边。一直等到韩丞相吃过驴肠，放下筷子，一语不发，厨子才知道今天这道菜算是过关了，赶快跑到一边对天烧纸。

有一次韩丞相请客，当然也要吃驴肠。一位客人中途出来方便，从厨房旁边走过，看见柱子上拴着几头驴子，腹部被剖开，肠子已经抽去，但还没有咽气。客人这才明白自己刚才吃的美味驴肠是怎么来的。从那以后，这位客人再不敢吃这道菜了。

明代人依然喜欢板肠，《竹屿山房杂部》中也有一道驴肠菜，做法并不难，把驴肠煮熟，再放入香油之中煎炸，配料用蒜和醋，应该是焦香嫩滑的一道好菜。

有一年，《菽园杂记》的作者陆容到迁安办差事，御史刘廷圭正好也在当地，派人来请陆容去喝酒吃饭。因为两个人是同年，互相之间经常开玩笑，陆容就对来人说："如果菜单中有驴板肠，我就赴宴。"

这句话中其实暗藏着一个玩笑，刘廷圭是河南卫辉人。当时各地方都有一些与食物相关的忌讳，比如江浙一带是盐豆，江西是腊鸡，湖广一带是干鱼，河南则是板肠，也就是驴肠，于是同龄人之间经常拿对方故乡的忌讳来开玩笑。

当时有一句"西风一阵板肠香"，经常被拿来调侃河南人。陆容要求酒宴上必须有驴肠，其实是在拿刘廷圭的河南籍贯开玩笑，并不是真的想吃。

到了黄昏时候，县官带着小吏，捧着食盒来见陆容，盒里装的是一些卤物熟食，最主要的内容就是驴肠。县官解释说：“听说大人喜欢吃驴肠，所以给大人送过来。”

自己的一个小玩笑，县官竟然当真，让人做好了驴肠，并且亲自送上门来。这样的结果让陆容大感惭愧，谢绝了板肠，暗自后悔，以后再不敢戏言。

***

《物理小识》中有许多素菜的吃法，大概与方以智后来的僧人身份有很大的关系，比如一种红腐乳的制法：把做好的豆腐压实，切为小块，煮过，摊放在无风处，以物覆盖。等到豆腐块上生出一寸长短的黄绿菌毛，便用竹签在豆腐块上戳洞，透入腐心。然后刮净表面的菌毛，用盐、茴香、时萝、川椒、陈皮等做调料，一层调料，一层豆腐块，装入瓮中。不能装得太满，要在瓮口留下三分的空隙，最后加入红酒曲和浓酒，浸泡百日，就可食用。

在《通雅》一书中，方以智对许多食物进行了辨析，比如其中的鲵鱼，也就是石首鱼、黄花鱼，南京人也称其为黄鱼，干制以后称为白鲞。

黄鱼适宜重味烹制。《随园食单》里有两款黄鱼，一种是炒黄鱼：把黄鱼切成小块，入酱油腌制一个时辰，就是两小时，控干。入锅中炒至发黄，加入金华豆豉、甜酒、秋油等，烧开，等卤汁变干成红色，加糖、姜等调料，出锅，味道浓郁透彻。

另一种黄鱼羹：将黄鱼肉拆碎，加入鸡汤之中，用适量的甜酱水、淀粉勾芡。还有用黄鱼制成的一道假蟹：两条黄鱼去骨，四个生鸡蛋，打碎调匀。锅中加鸡汤，入黄鱼肉，烧滚，倒入调好的鸡蛋液，再加香蕈、葱、姜汁、酒等味料。

《食宪鸿秘》中有一种鲞粉，原料就是宁波的淡白鲞，也就是晒干的黄鱼：洗净切块，入锅蒸熟，将骨肉分离，再将肉捻碎。鱼骨用酥油煎炸之后，碾为骨粉。两下里混合起来，成为鲞粉，在制作各种菜肴时加入一点，可以添加许多鲜美之味，作用类似于现在的味精、鸡精，其中的骨粉应该碾得足够细，不然会影响口感。

《物理小识》中还记录了许多烹调的诀窍，不知道方以智如何收集而来。大体来看，方以智学问渊博，但也有些怪癖，别出一路。这一点，《海外恸哭记》的作者黄宗羲曾经提到过。两个人是好朋友，有一次黄宗羲患病，方以智为他诊治，让黄宗羲大感吃惊的是，方以智把脉的位置距离通常的位置很远。

披发入山

一三 张岱

张岱（1597—1689），一名维城，字宗子，又字石公，号陶庵、陶庵老人、蝶庵、古剑老人、古剑陶庵、古剑陶庵老人、古剑蝶庵老人，晚年号六休居士，浙江山阴（今浙江绍兴）人，祖籍四川绵竹（故自称『蜀人』），明清之际史学家、文学家。著有《陶庵梦忆》和《石匮书》等。

*

山中的夜晚格外漫长，张岱躺在草庵简陋的破床上，头枕石块，辗转难眠。夜风吹过长林，穿透破败的茅顶，一去不留。

张岱，字宗子，又字石公，号陶庵，又号蝶庵居士，山阴（今浙江绍兴）人。明朝灭亡的时候，张岱已经四十八岁，“国破家亡，无所归止，披发入山，駴駴为野人”。

张岱躲在深山之中，如野人一般生活，过去的亲朋见到他，不敢与他接近。他几次想到自尽，只因为自己的那一部《石匮书》还没有完成，为了它，张岱要忍辱苟活。

山中的生活极端清苦，“瓶粟屡罄，不能举火”。张岱忍饥受困，住草庐，枕石块，草帽竹鞋，破衣粗食，生活近乎原始。每每深夜醒来，回忆曾经有过的奢华生活，如梦如幻："鸡鸣枕上，夜气方回，因想余生平，繁华靡丽，过眼皆空，五十年来，总成一梦。"

日子最清苦的时候，张岱纵笔怀想，回忆自己曾经享受过的各种美味。在《陶庵梦忆》"方物"一条下面，他回忆各地的美味，有水果、干果、海鲜、蔬菜，从北想到南，从远想到近，罗列了一大串。像北京的苹果、黄鼠、马牙松；山东的羊肚菜、秋白梨、文官果、甜子；福建的福橘、福橘饼、牛皮糖、红腐乳；江西的青根、丰城脯；山西的天花菜；等等。

张岱最熟悉的还是苏州、南京、浙江等长江下游的美食。苏州有一家专卖南北食品的铺面，名为孙春阳店，从明代万历年间开业，因为管理得当，经营有方，生意越做越大，到张岱的时代已经历时一百多年。店中分为六房，分别是南货房、北货房、海货房、腌腊房、蜜饯房和蜡烛房，货物品种齐全。

苏州人讲究饮食，富裕人家自不必说，就是平常百姓，没有条件置办奢华的饮食，平时也会尽量把家中的食物弄得精致美味一些。从口味上说，苏州人喜欢油腻，喜欢甜味，所以烹调时总要加糖。

张岱记忆中的苏州美食基本上都是甜的，比如带骨鲍螺、山楂丁、山楂糕、松子糖、白圆、橄榄脯等。此外还有南京的套樱桃、桃门枣、地栗团、窝笋团和山楂糖。一路往南想下去，还有嘉兴的马交鱼脯、陶庄黄雀；杭州的西瓜、鸡豆子、花下藕、韭芽、玄笋、塘栖蜜橘；萧山的杨梅、莼菜、鸠鸟、青鲫、方柿；诸暨的香狸、樱桃、虎栗；临海的枕头瓜；台州的瓦楞蚶、江瑶柱；浦江的火肉；东阳的南枣。最后是张岱家乡山阴的破塘笋、谢橘、独山菱、河蟹、三江屯蛏、白蛤、江鱼、鲥鱼、里河鰦；等等。长长的一串名字，从中也能看出张岱五十岁以前吃了多少好东西。

花气回根节，弯弯几臂长。
雪腴岁月色，璧润杂冰光。
香可兄兰雪，甜堪子蔗霜。
层层土绣发，汉玉重甘黄。

当时交通不方便，各地的美食，距离近些的也许当天就能吃到，有的需要一个月、几个月，更远的甚至一年才能品尝到。回想当初自己整天为了满足口腹之欲，费心费力，张岱认为是一种罪孽。

至味惟猪肉，金华早得名。
珊瑚同肉软，琥珀并脂明。
味在淡中取，香从烟里生。
腥膻气味尽，堪配雪芽清。

在那份长长的美食名单中，值得一说的首先是台州的瓦楞蚶和山阴的河蟹。张岱曾经说过：“食品不加盐醋而五味全者，为蚶、为河蟹。”蚶与蟹滋味丰富，从来就是老饕的最爱。至于蚶的吃法，《竹屿山房杂部》中收录了两种，一是烹蚶，另一种是生食的酒蚶。

烹蚶的方法和烹蛤差不多：蚶洗干净，锅中加水烧开，加入酱油、胡椒等味料。投入洗净的蚶，拿勺子不停搅动，一见开口便可捞出，火候恰到好处，吃起来也就新鲜肥嫩。

酒蚶：也称醉蚶，将洗净的蚶装入陶瓮之中，灌入酒浆，投入熟油、盐、川椒、葱白等味料，浸泡多时便可食用。

山阴的河蟹每年十月间最肥美，个儿大，肉多，膏黄堆积：“壳如盘大，坟起，而紫螯巨如拳，小脚肉出，油油如蚓蜑。掀其壳，膏腻堆积，如玉脂珀屑，团结不散，甘腴虽八珍不及。”

每到这个季节，张岱就要和朋友们搞一个“蟹会”，大家聚到一起品尝肥大的河蟹。一般是每个人六只，像倪瓒说过的那样，分批煮熟来吃，怕的是煮熟的螃蟹放久了，会变凉变腥。

当然酒桌上不会只有河蟹，配套的酒肴还有肥腊鸭、牛乳酪、醉蚶、鸭汁煮白菜、谢橘、风栗、风菱、兵坑笋。喝的酒是玉壶冰，吃的饭是新打的余杭白米，喝的茶是兰雪茶。样样都称得上食中精品，一切的一切，“真如天厨仙供，酒醉饭饱”。

相信张岱写到这里的时候，一定是口水涟涟。与张岱当时的处境相对照，这样的回忆其实有些残酷，当然也可能让人感觉自豪，毕竟都是自己曾经享受过的东西。

张岱当然也怀念另一种水产美味江瑶柱。与滋味复杂的蚶、河蟹相比，江瑶柱就显得非常纯粹、干净，所以历代吃货对江瑶柱的评价都很高。海鲜的烹制原则是越简单越好，以凸显其自身的天然鲜美，江瑶柱自然也是如此。《竹屿山房杂部》中有两种制法，都比较简单。一种是用酒把江瑶柱清洗干净，撕开，加酒烹熟。另一种是生吃，把江瑶柱撕成细丝，加入胡椒、醋、盐、红砂糖等，直接食用。

元代的倪瓒的吃法就和这差不多，他还发明过一款“假江瑶柱”，主料用的是江鱼，把鱼脊肉切成长条，再切成江瑶柱一样大小的鱼肉段，加盐和酒蒸熟。用江鱼其他的部分烹制汤汁，浇到蒸好的鱼肉上。吃起来既有江瑶柱的形状和口感，又有江鱼的鲜美。

人的本性总是由俭入奢容易、由奢归俭艰难。从豪奢跌落到贫俭的过程中间，必然伴随着种种的不适应，种种的不舒服，最难受的则是种种的不甘心。所以，张岱那些回忆的文字笔墨沉郁怆痛，无限忏悔，无限痛惜，无限怀想，尽呈笔端。

**

《魏书》中魏文帝在一份诏书中说："三世长者知被服，五世长者知饮食。"元代也有一个谚语，意思相近，说的是："三代仕宦，学不得着衣吃饭。"

大致的意思是：穿衣、吃饭上的良好习惯和品位，需要几代人的修养和积累，才能趋于完全。其中，饮食上的修养更难一些，一个有品位的吃货的养成，通常需要前辈几代人的富贵积累。

这些说法用在张岱身上，最为恰当。张岱的高祖张天复，号内山，嘉靖年间考中进士，在吏部、兵部等处任职，后来做了云南按察副使。曾祖父张元汴更厉害，号阳和，明穆宗隆庆五年状元及第。

张天复是一个很会享受生活的人，当年回乡之后，在绍兴南面的鉴湖边上建造了一处宅第，周围林木环绕。张天复每天和一帮朋友在宅中饮宴，但他对儿子张元汴有些忌惮，担心被儿子撞见，受到责怪，所以每次饮酒的时候总要派一个小童子爬到大树上张望，一旦看见张元汴的船远远驶过来，童子就赶快进去通报。张天复那边立刻撤去酒席，换好衣冠，端坐着等儿子进门。儿子一走，又重新开始豪饮。

后来张元汴考中状元，张天复乐疯了，大张宴席，饮酒赋诗，以志庆贺。结果乐极生悲，得了一个痹症，六十二岁就死了。

张岱的祖父张汝霖，号雨若，万历二十三年考中进士，做过清江县令、广昌县令。万历三十四年，在做山东乡试副主考时，因为行事不当，失去官职。张汝霖归乡，开始蓄声妓，弄丝竹，过了一段潇洒日子。张岱对于富贵生活的记忆，许多都来自祖父在世的那一段日子。

张汝霖很讲究吃，因此，给张家做厨子就成为一件很困难的事，菜做得不好，甚至可能挨打。张岱在《快园道古》中说，祖父有一次嫌肉炖得不好，把厨子痛打了一顿。厨子委屈极了，哭道："老爷要炒炒，吃过了；老爷要熩熩，吃过了。别无煮法，叫小人怎地？"

从厨子的抱怨内容来看，厨子的手艺还可以，主要的问题在于老爷张汝霖的口味太刁钻，吃腻了炒肉、熩肉，要求厨子换一换花样，可厨子又做不好别的，因此挨了揍。

张汝霖曾经召集喜欢饮食的朋友，组织了一个饮食社，成员包括杭州的包应登和黄汝亨先生。黄汝亨，字贞父，万历年间进士，做过江西布政使，后来隐居到杭州西湖边，是一个讲究的食客，经常与杭州当地的士绅一起宴会。

包应登，字涵所，担任过福建提学副使，非常有钱。张岱在《陶庵梦忆》中提到过这位包涵所，说他在西湖边筑有几处别墅，又建造高大的楼船，一条船上可以摆宴席、观戏剧，另一条船上装载书画，再一条船收藏美人。楼船往来于西湖之上，载歌载宴，称得上穷奢极欲。

张汝霖和黄贞父、包应登这样的人一起琢磨饮食，其精致可以想象。几个人还痴迷戏剧，张汝霖从万历年间开始先后组建了几个小戏班，烧钱败家的事儿干了不少。

吃过玩过之后，张汝霖又编了一本《饔史》，一共四卷，内容大多参考稍早之前的《遵生八笺》，价值不大，这也说明他在吃喝上的心得十分有限。张岱看过祖父留下的这本书，不大喜欢，自己动手对《饔史》加以削删增改，搜辑订正，重新名之为《老饕集》。张岱在餐桌上的阅历当然不能和祖父相比，所以他很谦逊地在序言中说“穷措大亦何能有加先辈”。

可惜，张岱经手的这一本《老饕集》并没有流传下来，估计其中不会有多少独特的菜肴，但会有一些饮食上的见解，有许多饮食文字，那些才是价值所在。

张岱的父亲张耀芳，字尔弢，屡试不第，一直到了五十多岁，才在鲁宪王府中谋得一个职位。张耀芳身躯庞大，食量惊人，早年曾经和表兄弟比赛饭量，每个人吃下一只十斤重的肥子鹅。张耀芳竟然还没吃饱，又用煮鹅的汤汁做面卤，连吞十几碗面条。在他去世的那天早上，还和往常一样吃了许多东西，最后无疾而终。

到了张耀芳这一代，张家的家境已经大不如前，但张家人对于饮食的讲究丝毫不减，张家菜品之精致在当地远近闻名。有意思的是，张氏兄弟们对于饮酒都没有半点兴趣，也没有酒量，沾酒就会脸红。最夸张的是，吃下一点糟茄子他们的脸都会大红，显然张家兄弟们体内缺少用来代谢乙醛的酶。所以每到吃饭之时，端上来一盘好菜，他们会一扫而光，却滴酒不饮。遇到宴请宾客的时候，也是如此。

当地有一个人名叫张东谷，十分贪酒，对张氏兄弟的饮食习惯不以为然，说了一句很有文学味道的话：“尔兄弟奇矣！肉只是吃，不管好吃不好吃；酒只是不吃，不知会吃不会吃。”

大体来说，明亡之前，张岱还有条件满足自己的饮食喜好。明朝覆亡，山河破碎，匪盗横行，张岱只能躲进山中，继续著作。“年至五十，国破家亡，避迹山居，所存者破床碎几、折鼎病琴，与残书数帙、缺砚一方而已。布衣蔬食，常至断炊，回首二十年前，真如隔世。”

这种时候，能填饱肚皮已经不容易，北京的苹果、山东的秋白梨肯定是吃不到了。就连近在咫尺的杭州美味、山阴水产，也难以获取。所以张岱慨叹，那些逝去的太平年月，可以传食四方，实在算得上一种大福分。

张岱曾经在一幅自己的画像上很伤感地总结自己的一生，写道：“功名耶而落空，富贵耶如梦。忠臣耶怕痛，锄头耶怕重。著书二十年耶而仅堪覆瓮，之人耶有用没用？”

显然，他开始怀疑自己一生的作为。这种怀疑出现在老年时期，本身就有极为浓重的悲剧意味，因为一切已经没有时间更改。

***

张岱是一个吃货，而且是一个能写的吃货，他增删和整理祖父张汝霖的饮食著作，命名为《老饕集》。在《老饕集序》中，他赞同孔子所说的“食不厌精，脍不厌细”，认为“精”“细”二字，已得饮食之微。

张岱认为，“食不厌精、脍不厌细”与“失饪不食”“不时不食”就是一切食经的核心，也是养生理论的核心。

张岱在文中也表明了自己的烹调主张，最重要的两个原则，一是保持食材的本味与品质，二是反对过分的加工，过分烹饪，即“割归于正，味取其鲜，一切矫揉泡炙之制不存焉”。而一样食物的好与坏，最终的裁判者是食客的舌头，所以张岱说：“鼎味一脔，则在尝之者之舌下讨取消息也。”

在自己的著作《夜航船》中，张岱具体记录了许多饮食上的小窍门。比如炖煮老鸡的时候，加入山楂或者白梅，鸡肉就容易炖烂。煮老鹅，从灶边取一块瓦片同煮，容易煮烂。或者在煮肉时，从篱笆上拆下旧竹片一起煮，猪肉容易煮烂。煮藕的时候加入一点柴灰，可以把藕煮得糜烂，然后换水加糖。真不知道当初是谁发现了这些小窍门，也不清楚是否真的有效。

《陶庵梦忆》中则有不少美味的具体记述。张岱嗜好乳酪，他认为市面上售卖的奶酪不够纯粹。为此他专门养了一头奶牛，每天夜里挤出牛奶，放到早晨，“乳花簇起尺许”，这其实就是乳酪制作当中必不可少的发酵过程。

在发酵过的牛奶中，按照一定的比例加入兰雪汁，放在铜盆里多次煮沸，最终得到的乳酪“玉液珠胶，雪腴霜腻，吹气胜兰，沁入肺腑，自是天供”。

这里用到的兰雪汁，是一种茶水。这种兰雪茶最早由张岱和叔叔焙制而成，由张岱为其命名，茶味比较硬爽，有金石之气。原料茶选用的是日铸茶，采用松萝茶的焙炒方法，用当地的禊泉水冲泡最为恰当，据说香气浓郁，茶汤的颜色也好看，“如竹箨方解，绿粉初匀，又如山窗初曙，透纸黎光”。

青白的茶汤，倾倒在素白的瓷碗之中，十分好看，所以张岱称其为“兰雪”。几年之后，兰雪茶竟然成为抢手货，名气盖过了松萝茶。

张岱在牛奶中加入兰雪茶水，制成的乳酪便带有一股茶香，风味独特。对于自己偏爱的这道美味，张岱发明了许多吃法，比如与鹤觞花露一起蒸，或与豆粉一起制成乳腐，冷食最妙。其他的吃法也不少：“或煎酥，或作皮，或缚饼，或酒凝，或盐腌，或醋捉，无不佳妙。”

和许多文人吃货一样，张岱喜欢吃笋，在他回忆的各地方物之中，提到过兵坑笋、杭州的玄笋、山阴的破塘笋、岣嵝山房的边笋。

岣嵝山房在杭州西湖附近，张岱称赞那里产的边笋“甘芳无比”。山阴本地的破塘笋，张岱吃得最多。当地有一处天镜园，园中有竹有水，张岱经常到园中读书，竹影幽窗之下，书页都被沁成碧绿的颜色。晚春时候，采笋的人会来到这里。园中的鲜笋形状如同象牙，“白如雪，嫩如花藕，甜如蔗霜。煮食之，无可名言，但有惭愧”。

对于笋的吃法，张岱只简单说“煮食”，没有具体的制法。但其实，笋的吃法很多，《调鼎集》中有一种面拖笋，选用鲜嫩的笋为主料，撒入适量的花椒末、杏仁末，表面沾上面糊，放入油锅中煎炸，甘脆可口，色泽金黄。

也可以把笋当成辅料来使用，比如一种炸鸡卷：肥鸡整治干净，片下胸脯肉成为薄薄的肉片，用笋丝、火腿丝为馅料，放入鸡肉片之中，卷成肉卷。豆粉调成糊状，鸡肉卷沾上豆糊，放入热油锅中炸熟，摆盘之后，撒盐。

鹅酥卷：把肥鹅放入锅中煮熟，拆去骨头，鹅肉不拘肥瘦，切成肉条。茭白、木耳、笋干等切成细丝，开水中焯过，与生韭菜、生姜丝配合，摆入碗中。用煮鹅的滚热汤汁浇入。再卷入厚春饼中，极有吃头。

与张岱同时代的有一位黄淳耀，字蕴生，和张岱一样，号陶庵，嘉定人。黄淳耀在崇祯十六年考中进士，不肯做官。嘉定被清军攻陷之后，黄淳耀和弟弟黄渊耀一起躲进僧舍，决心自尽殉国，临终前写道：“弘光元年七月二十四日，进士黄淳耀自裁于城西僧舍。呜呼！进不能宣力王朝，退不能洁身自隐，读书寡益，学道无成，耿耿不寐，此心而已。”随后黄淳耀和弟弟相对自缢而亡，这一年只有四十一岁。

三年端午日，两度客中过。酒忆金陵美，山看彭泽多。枕敧书断续，囊久艾消磨。莫笑乡心勇，黄鱼压子鹅。

黄淳耀生活的年代与张岱差不多，身后留下十五卷《陶庵集》，其中有一首《五月端午》诗，回忆故乡的美食，诗序中说：“是日江右风俗饮蒲酒，啖鹅炙。因忆吾乡石首鱼，了不可得。”诗中写道：“三年端午日，两度客中过。酒忆金陵美，山看彭泽多。枕敧书断续，囊久艾消磨。莫笑乡心勇，黄鱼压子鹅。”

不清楚这首诗写在什么时候，但思乡之情当中对故乡美食的向往是很明显的。政权易变，江山难改，一个人对于故乡美味的记忆是难以消磨的，那种回忆，有时甜美，有时辛酸。

每一次朝代更迭，就会造就出一大批张岱、黄淳耀这样的人物。他们都曾经有过锦衣玉食的好日子，旧日种种美好的回忆深深刻印在心中。河山变色，他们的处境变化巨大，每日里粗茶淡饭，甚至吃饱肚子都成了无法保障的事，但他们的胃口没变，他们的味蕾还清晰记得那些佳肴的味道，十分顽固。

先甜后苦的人生，真的很折磨人。

一四

冒襄

冒襄（1611—1693），字辟疆，号巢民，一号朴庵，又号朴巢，南直隶扬州府泰州如皋县（今江苏如皋）人，明末清初文学家，明末四公子之一。主要作品有《朴巢诗选》《朴巢文选》《先世前征录》等。

*

挑选五月的新鲜桃子，压榨成果汁，滤净渣滓，用慢火煎熬到七八分，搀入适量的砂糖继续熬炼成膏状，颜色如同大红琥珀。这种好看又好吃的食物称为桃膏，制作者是董小宛。

董小宛，原名董白，字小宛，又字青莲。崇祯十二年（1639）初夏，冒襄前往南京参加科举考试，向好朋友方以智询问南京当地佳丽，方以智提到了董小宛，说她年纪虽小，才色却是一时之冠。

冒襄立刻前去拜访，但董小宛一家已经搬往苏州。那一次科举考试，冒襄最终落榜，随后特意前往苏州去见董小宛。董小宛

半塘相见

住在半塘，此时的她炙手可热，冒襄跑了几次冤枉路之后，终于一睹仙容。当时的董小宛处于薄醉状态，由别人搀扶着，走过花径，在曲栏处与冒襄相见。

这是冒襄第一次见到董小宛本人，当时她只有十六岁，“面晕浅春，缬眼流视，香姿玉色，神韵天然，懒慢不交一语”。一脸醉态的美少女，让冒襄又惊又爱，深深迷恋。

三年之后，二人第二次见面，董小宛正在病中，就在病床之前摆酒款待冒襄，殷勤相劝。这一次的形容与状态，都不是先前那样慵懒和娇憨了。那以后，董小宛成为冒襄的小妾。

冒襄字辟疆，号巢民，江苏如皋人，文学家、书法家，是著名的明末四公子之一。冒襄的父亲是明朝高官，家境豪富，冒襄自己又风雅风流。根据冒襄在《影梅庵笔记》中的描述，当初他并不想让董小宛到他身边。董小宛最终能够进入冒府，全靠她自己的坚持和许多友人的大力促成，中间颇费周折。所以董小宛非常珍惜在冒府的生活，如仆妇一般照料冒襄的日常起居，费尽心思，只要能讨冒襄的欢心。

冒襄是一个吃货，所以董小宛在饮食上是动了心思的。周围讲究饮食的大户人家的食谱，董小宛都找来认真研究，发现新奇的食物，必定求得人家的做法，自己再精心改进，巧加变化，最终做成一道新颖可口的美食。

冒家是富足的大户，有专门负责饮食的仆人。但是像桃膏这一类的小食物，董小宛都是亲自动手制作，守候在炉边，小心调节火候，以免熬焦。五六月间正是南方酷热的季节，董小苑的辛苦与用心，由此可见。

精美绝伦糖糕点，富于情致妙手成。
瓜酱腌腊开先河，匠心独具造诣深。

与桃膏类似的还有西瓜膏，榨取西瓜汁，加入砂糖，在火上慢慢炼制成西瓜膏，颜色金黄。根据口味，桃膏和西瓜膏可以做成不同浓度，都是适合夏天的吃食。

董小宛制作这一类甜膏，主要是投冒襄之所好。冒襄酒量不行，但喜欢吃甜食。于是在甜膏之外，董小宛又采摘鲜花，制作花露。材料选择那些刚刚开放的鲜花蕊，采摘之后浸入糖浆之中，以盐梅相伴。经过长时间的浸泡，花香和花汁都融入糖浆之中，花色还保持鲜艳不变，“经年香味颜色不变，红鲜如摘，而花汁融液露中，入口喷鼻，奇香异艳”。

选择花蕊的标准，一是要有怡人的香气，二是颜色艳丽。各种花露之中，要数秋海棠露的滋味最好。其他的，如梅英露、野蔷薇露、玫瑰露、丹桂露、甘菊露等等，也都不错。

董小宛制作的花露，成为冒府宴席之后的最好饮品。几十种花露，香气各别，颜色不同，一样一样盛装在素净的白瓷器中，“五色浮动”，香甜可口，是醒酒消渴的好东西。董小宛又喜欢交际，得到美食，很愿意拿出来与朋友们共享，这些都让冒襄很有面子，当然很讨他的喜欢。

董小宛也擅长腌制泡菜，各色菜品都可以作为原料拿来腌制，“蒲藕笋蕨、鲜花野菜、枸蒿蓉菊之类，无不采入食品，芳旨盈席”。这些泡菜味道好，颜色也新鲜，或金黄或碧绿，其中的制作窍门外人不知，但同样是佐餐的佳品。

董小宛还会做一种“红乳腐”，冒襄如此记录其制作的过程：“烘蒸各五六次，内肉既酥，然后削其肤，益之以味，数日而成者，绝胜建宁三年之蓄。”从这一段文字来看，不太清楚红乳腐是什么东西。

董小宛原本酒量洪大，进入冒府之后，因为冒襄酒力有限，董小宛在饮酒上有所节制，更多的时间用来陪伴冒襄喝茶。二人都喜欢喝岕茶，“文火细烟，小鼎长泉，必手自吹涤”，“花前月下，静试对尝，碧沉香泛，真如木兰沾露，瑶草临波”，尽情享受饮茶的乐趣。

佳人知趣，有其陪伴的生活是美妙的。可惜好景难长，按照冒襄在《影梅庵忆语》中的说法，清朝顺治八年（1651）正月初二，董小宛病死。

冒襄追忆往事，写成《影梅庵忆语》一文，追念亡者。但文中提到董小宛死前一年三月末发生的一件怪事。当时他外出拜客，客居朋友家中，大家一起饮酒赋诗时，冒襄的诗中都不自觉地流露出悲伤之音，让他自己也暗暗感到奇怪。

当天夜里，他梦见自己回到了家中，众多家人之中，独独不见了董小宛。向夫人询问，夫人闭口不答。冒襄四下里寻找，终于看到了董小宛，却见她背对自己悄悄拭泪。冒襄急得大叫，以为董小宛已死，痛哭而醒。

那只是一个让人伤感的梦。冒襄心中不安，匆忙赶回家去，发现董小宛一切安好。冒襄向她说起那个怪梦，董小宛奇怪地说，也是在那个晚上，她也做了一个可怕的梦，梦见几个人到家里来，要强行把她带走，她拼命挣脱，躲藏起来才得以脱身。冒襄在《影梅庵忆语》的最后说："讵知梦真而诗谶咸来先告哉？"

董小宛的下落一直是学者们议谈的话题，无论她是死去还是被劫，可以确定的是，她在顺治八年离开了冒襄，此时距离她来到冒府，已有九年。

佳人消逝，良辰不再，带给人的伤痛与怀念是深切的，所以冒襄哀伤地说："余一生清福，九年占尽，九年折尽矣。"

**

董小宛自己不喜欢厚味美馔，平时只要一小碗米饭，一壶岕茶，主要用茶水泡饭，再加几茎水菜，几粒香豉，就是一顿饭，口味十分清淡。

豆豉是南方常见的小菜，明清小说中经常可以在酒桌上看到豆豉。《醒世姻缘传》第二十三回中，一位姓杨的宦官到了宫保尚书，告老之后回乡居住，闲来无事，在大路边开了一处酒店。有一天店中进来两位客人，要喝酒。杨尚书为二人温了酒，告诉他们稍等，店里的下酒菜用尽了，已经派伙计回庄里去取。

两位客人自己随身带着菜，一样是豆豉，一样是腌鸡，装在一种名叫酱斗的器具里。两位客人把豆豉和腌鸡取出来，放到两只碟子里，边吃边喝。

一会儿伙计拿了菜来，杨尚书让伙计把菜摆到桌子上，请两位客人享用，分别是一大碗豆豉肉酱烂的小豆腐、一碗腊肉、一碗粉皮合菜、一碟甜酱瓜、一碟蒜苔、一大箸薄饼、一大碟生菜、一碟甜酱、一大罐绿豆小米水饭，都是可口的食物。

豆豉是一种很好的下酒菜，在喝酒的场合经常可以看到。书中第二十五回，薛教授一家住在狄员外的客店之中，狄员外盛情接待。薛教授就和夫人商量，要摆酒席感谢一下狄员外，薛太太说："酱斗内有煮熟的腊肉腌鸡，济南带来的肉酢，还有甜虾米、豆豉、莴笋，再着人去买几件鲜嗄饭来。"

都是现成的下酒菜，又拿出一大瓶极好的清酒，薛教授去把狄员外请过来，两个人一边喝酒，一边赏雨。

第五十回中，秀才狄希陈和父亲一起到省城，要给自己捐一个官，偶然与旧日情人孙兰姬相遇。孙兰姬已经嫁给一位当铺的老板。狄希陈借口做生意，与孙兰姬会面。孙兰姬摆下酒菜，热情款待。

因为旧日情浓，酒菜的规格当然不同一般，先摆了一个十五格的攒盒，里面汇集了当时各地的名吃，分别是：高邮鸭蛋、金华火腿、湖广糟鱼、宁波淡菜、天津螃蟹、福建龙虱、杭州醉虾、陕西琐琐葡萄、青州蜜饯棠球、天目山笋鲞、登州淡虾米、大同酥花、杭州咸木樨、云南马金囊、北京琥珀糖。满满的一大盘，有水果，有糖果，有冷菜，还有螃蟹、醉虾。

然后又是四碟子干果，分别是荔枝、风干栗黄、炒熟白果、羊尾笋嵌桃仁。最后是四碟子小菜：一碟醋浸姜芽、一碟莴笋、一碟椿芽，当然，还少不了一碟十香豆豉。

除了直接用来下酒、下饭，豆豉还有药用的价值，许多中医药方中都会用到它，药效广泛，比如《伤寒论》中就有"栀子豉汤方"。

香豉还可以用作一种调料，在烹调中应用很广，滋味独特。《齐民要术》中就有一种蒸鸡法，把一只整鸡放入容器内，加入香豉和豉汁，再加一斤猪肉和其他辅料，蒸至极烂熟，豉香浓郁。

《随园食单》中有一种“庆元豆腐”，也用豆豉调味，做法非常简单：一茶杯豆豉，用水泡烂，和豆腐一同入锅，炒过即可。

另一款红煨鳗鱼，鳗鱼入锅，加酒、加水煨炖，调料用甜酱、茴香、大料、豆豉等，让汤汁慢慢收干。使用豆豉时，注意不要加入太早，不然鳗鱼肉的口感要逊色不少。另外，鳗鱼不要煨得太烂，汤汁也要尽量收干，如此做成的鳗鱼中卤味浓重。

豆豉是日常不可缺少的食物，原料平常，价格低廉，但制作起来并不简单，原料是黑豆，最适合的时间是在每年的六月。

元代鲁明善撰写的《农桑衣食撮要》一书中，介绍了豆豉的一种做法。用的也是黑豆，挑选，淘洗，蒸熟，在席子上摊开放冷。用楮叶覆盖，几天之后，黑豆表面遍布黄斑，便揭去遮盖物，放到日光下晒一晒。

这里需要一些配料，主要是黄瓜、茄子，各自切成片状，加入适量的盐。将生姜、橘皮、紫苏、莳萝、小椒、甘草等切碎，一起拌匀，放置一天。把晾好的黑豆与拌好的辅料一起装入陶瓮之中，用当初煮黑豆的豆汁相拌，搅拌均匀之后，上面用宽竹叶覆盖，压上石头，瓮口密封，放到日光之下曝晒半个月。充分发酵之后，开瓮取出晒干，回锅略蒸，再次晾晒之后，就可以收贮起来，慢慢食用。

《醒世姻缘传》中，孙兰姬款待狄希陈的时候，桌上摆的那一碟十香豆豉，应该就是这样制成的，加入了许多的辅料，滋味很复杂，很耐品咂。

明代豆豉的制法更丰富，《竹屿山房杂部》中就有淡豆豉、香豆豉、杏仁豆豉、缩砂仁豆豉、竹笋豆豉等名目，详述制法。又把其中的竹笋豆豉称为“茶菜”，和香椿芽、豆腐干、香菜等同列，是喝茶的好伴侣。

冒襄府里的豆豉基本是由董小宛操办的，原料不是黑豆，而是精心挑选的饱满的黄豆，九洗九晒，剥去衣膜，配料和汁水也都极为精洁。做好的豆豉，颜色好，香味浓，粒粒可数。

董小宛制作的食物，第一个特点是干净，为了保证这一点，许多制作的环节她都亲自动手。第二是精致，味道之外还讲究外观与颜色。

冒襄说董小宛制作豆豉的时候，“种种细料，瓜杏姜桂，以及酿豉之汁，极精洁以和之”。显然，董小宛所用的方法，与鲁明善在《农桑衣食撮要》中介绍的方法非常相似。

***

冒襄食量小，除了甜品，最喜欢的是水产和熏腊制品。冒襄喜欢交朋友，府里总是宾客不断，有什么美味，冒襄都喜欢拿出来与朋友们分享。董小宛明白冒襄的喜好，除了前面说的膏、露、香豉和各色小菜，她又制作了一些火肉和风鱼，以备宴席所用。

董小宛制作的火肉有松柏之味，而且存放的时间长，也不会流油，显然董小宛自有一些制作的窍门。

冒襄所说的火肉，究竟是熏肉还是火腿，不太清楚。我们如今一般说的火肉就是火腿。而熏肉和火腿的差别，主要是取自猪体不同的部位，熏肉是用猪肋肉，火腿是用猪腿。

《随园食单》中有一款“笋煨火肉”，把冬笋和火腿肉都切成方块，加入冰糖一起煨炖。这类煨炖的火腿肉如果要留待第二天再吃，有一个重要的细节需要注意，那就是火腿肉一定要和原来的汤汁一起保存，第二天食用之前，连汤带肉一起加热。如果把炖煮时的汤汁丢掉，离汤保存火腿肉，第二天火腿肉就会干瘪，口感发柴。如果重新加水炖煮，滋味当然要比原来的汤汁寡淡。

《红楼梦》第八十七回中，紫娟给林黛玉安排饮食，一点江米粥，一碗火肉白菜汤，里面加一点虾米，配了一点青笋和紫菜。有营养，不油腻，而且滋味鲜美。

火肉之外，董小宛制作的风鱼，也一样耐存放，而且有麃鹿之味。

制作风鱼的历史非常悠久，《齐民要术》中就提到相关的办法，主要是把味料填入鱼的腹中，悬挂在通风处，自然风干。几个月的浸润过程，漫长而且自然，调料的滋味完全沁入鱼肉之中，当然更透彻，更醇厚，这大概也是风鱼受欢迎的重要原因。

后代风鱼的制法变化并不太大。清朝时有一种风鲫鱼：在冬天时挑选体形比较大的鲫鱼，不要去鳞，在鱼鳃旁边开出一个小孔，抽出鱼肠，向孔中塞入大小茴香、花椒末、炒盐和生猪油。

将处理好的鲫鱼悬挂在通风、背阳的地方，让它慢慢阴干，一般在两三个月之后就可以食用。最好的烹制方法是蒸着吃，因为风鲫鱼本身已经含有滋味，蒸的时候只需要刮去鳞片，加一点酒就可以，味道极好。

虎丘攒盒最为低，
好事犹称此处奇。
切碎捣齑人不识，
不加酸醋定加饴。

《豆棚闲话》中提到苏州阊门之外，沿河一带有无数的店铺，来虎丘山游玩的客人就是这些店铺最重要的主顾。这其中当然有许多酒店和食品店，比如一首《小菜店》中写道：“虎丘攒盒最为低，好事犹称此处奇。切碎捣齑人不识，不加酸醋定加饴。”

虾鲞先年出虎丘，
风鱼近日亦同侔。
鲫鱼酱出多风味，
子鲚鳑皮用滚油。

标题旁的注释写得很明白：“种种俱是梅酱酸醋，饧糖捣碎拌成。”这里当然也会有风鱼，被归入海味之中，比如一首《海味店》写道：“虾鲞先年出虎丘，风鱼近日亦同侔。鲫鱼酱出多风味，子鲚鳑皮用滚油。”

董小宛在苏州居住过，应该光临过阊门外的这些小食铺，吃过海味店里的风鱼。作为风尘女子，饮宴的场面她见过太多，各种滋味的风鱼，董小宛想必也吃过不少。她制作的风鱼具有麂鹿之味，必定是她比较各种滋味之后，斟酌短长、加以取舍的结果。

除了火肉、风鱼，董小宛还制作醉蛤、醉鲟骨、油鲳、虾松、烘兔、酥鸡、菌脯、腐汤等。冒襄评点这些美味，说：“醉蛤如桃花，醉鲟骨如白玉，油鲳如鲟鱼，虾松如龙须，烘兔、酥雉如饼饵，可以笼而食之，菌脯如鸡㙡，腐汤如牛乳。”

口味清淡的董小宛精心制作风鱼、火肉、虾松、醉蛤、烘兔，主要的目的不是自己享用，而是供给冒府的长辈和冒襄夫妇，供给冒襄的朋友们。董小宛离开之后，冒襄在回忆的文字里把她制备的美味一样一样地记下来，说明这些美味与董小宛的靓颜美姿一样，深深刻印在冒襄的心中。从这个意义上说，董小宛的一番苦心和一番努力，没有枉废。

董小宛不是一个厨娘，而是一个有艺术修养的小女子，一个有慧根的小女子。这样的人，只要安心去做任何一件事，结果总能让人耳目一新。可惜董小宛在冒襄身边的时间太短，许多事情才刚刚开始尝试，她便从人们的视线中消失，死活去向，令人迷惑。不然，董小宛兴许会在饮食上有许多新颖的创造，会一直流传下来，丰富我们今天的餐桌。

【冒襄食单】

○桃膏○西瓜膏○秋海棠露○梅英露○野蔷薇露○玫瑰露

○松柏味火肉○风鱼○醉蛤○醉鲟骨○虾松○烘兔

一五

李渔

李渔（1611—1680），原名仙侣，字谪凡，号天徒，后改名渔，字笠鸿，号笠翁，别号觉世稗官、笠道人、随庵主人、湖上笠翁等。金华兰溪（今属浙江）人。明末清初文学家、戏剧家、戏剧理论家、美学家。素有才子之誉，世称『李十郎』。一生著述五百多万字，最著名的是戏曲论著《闲情偶寄》。

*

关于吃鱼，明末清初的文学家李渔有话要说。

按照李渔一贯的写作路数，他对鱼自然要有一番议论，认为鱼比起禽兽更应该供人刀俎，他的理由很可笑：卵生的鱼数量众多，如果不被食用，只怕鱼会越来越多，最终要充塞江河，使其成为陆地。因此，“我辈食鱼虾之罪，较食他物为稍轻”。

李渔认为，吃鱼最重鲜、肥二字。鲟鱼、鲫鱼、鲤鱼等以鲜味见长，比较适合清煮，制作鱼汤；鳊鱼、鲥鱼、鲢鱼等以肥见长，则更适合烹制和斫脍。

无论做汤还是烹制，鱼一定要活养，等

烹羊肉

到客人坐定之后，才把活鱼宰杀下锅，做好之后立刻上桌，随即食用。刚离锅的鱼，趁热食用，最能感受到鱼肉的鲜美。放得越久，味道越差。

除了讲究火候，汤汁的多少也极为重要，水太多，会减淡鱼味，“水多一口，则鱼淡一分”，水太少也不好，鱼容易焦糊。

鱼的另一种吃法，是清蒸。清蒸的好处，是可以保持鱼肉的鲜与肥，原汁原味，“鲜味尽在鱼中”。制作的难度也比烹制要小，把鲜鱼整治干净，装入瓷盘之中，加入适量的陈酒、酱油，鱼上摆放姜片、瓜片、香蕈和笋片等，大火逼蒸到熟即可。

水产中的另一味食材虾，李渔也很重视，拿它来与笋进行比较：“笋为蔬食之必需，虾为荤食之必需，皆犹甘草之于药也。”

李渔认为虾必须与别物相配，才算适宜，或者做成糟虾、醉虾。若是只有盛大的宴才会端上一盘单独的煮虾，会让人感觉索然无味。

比李渔年代稍晚的《食宪鸿秘》中有不少虾的吃法。比如有一种虾乳，也称为虾球，是把虾肉剁成小块。肥猪肉适量，加盐剁成同样的小块。再把虾肉与肥猪肉混合一处，剁至极烂。取五六个生鸡蛋，只用蛋清，在虾与肉混剁的过程当中逐渐加入蛋清。最后加入清水，随即急剁不停，加入适量的豆粉，做成虾泥。将其压成饼状，用刀划成小方块。锅中加水烧开，用刀把虾块逐一挑入锅中，熟后捞出食用。

醉虾：挑选鲜虾，与椒、姜末拌匀，装入瓶中；酒在锅中烧滚，浇到虾上，吃的时候用盐和酱。或者把虾在开水中焯一下，拌上盐，淋上酒吃。焯过的虾不放盐，直接晒干，吃起来味道甘美，称为“甜虾”。

还有虾松：制作的主料是虾仁，用温水泡开，入锅中微煮取出，拌入适量的盐、酱、油，放入锅中蒸，加上姜汁、醋，再入锅中蒸。最终的虾肉入口虚松，滋味浓郁。

年代更晚的《随园食单》中，虾仁、虾油不仅经常被用为辅料，单独的虾菜也很丰富，其中也有醉虾：带壳的鲜虾，用酒煎成黄色，捞起，加入清酱和米醋煨制，做好之后，虾壳也变得酥烂，可以连壳吃下。

虾圆：将虾肉剁碎或者捶碎，加豆粉和猪油拌和，加入少量盐水、葱汁、姜汁，做成团，在滚水中煮熟捞起，吃的时候加进鸡汤。

另一种更纯粹的制法是虾饼：剥出虾肉，捶打成泥，团起来，在油锅中煎熟，成为鲜香的虾饼。同是虾饼，还有接近主食的制法：在生虾肉中加入葱、盐、花椒、甜酒，再加水和面粉，和成面团，擀成饼，用香油烙熟，这是名副其实的虾饼。

李渔是浙江兰溪人，原名仙侣，字谪凡，号笠翁，生于万历年间。李渔的父亲做药材生意，住在江苏如皋，家境富裕。李渔早年的生活也一直是在如皋度过，父亲死后，家中生意慢慢冷落。二十多岁时，李渔回到原籍金华兰溪，二十九岁到杭州参加乡试，落榜。

清军入关，明室覆亡，浙东大乱。李渔带着妻子徐氏和女儿在山中躲避战乱，此后又娶曹氏为妾。四十岁时，李渔卖掉故乡的房产，举家前往杭州，致力于创作戏剧，卖文为生。此后李渔的交往渐渐广泛，经常来往于南京和杭州之间。

李渔在饮食上的言论主要记录在《闲情偶寄》当中，书中专门有一节“饮馔部”，与戏剧、器玩、养生等并列，这也决定了李渔的阐述不会过于琐细和具体。比如在谈到羊肉时，李渔的关注点主要集中在羊肉消长的角度。一只生羊宰杀、煮熟之后，分量会大打折扣。按照李渔的说法，一百斤的羊，宰杀之后只能得到五十斤羊肉，煮熟之后分量更轻，只剩下二十五斤。

另一方面，煮熟的羊肉最能饱人，所以吃羊肉不能吃得过饱，否则容易把人胀坏。李渔举例说，陕甘一带羊多，当地人每天只需要吃一顿羊肉。又说出远门、走远路的人也适合携带羊肉作为食物。但具体怎么烹制羊肉，李渔并没有谈及。

**

自古以来，喜欢食用竹笋的人很多，尤以文人为甚，苏轼还戏称笋为“玉版禅”。不过，也有些文人对笋的评价不高，比如清初的俞樾就认为，在许多方面，北方出产的蔬菜都强过笋，他总结出来以下几点：第一，菜甘而腴，笋则清有余而甘腴不足；第二，菜煮易烂，笋的本质是竹不是菜，不易熟烂，大火烹制之后依然是生熟参半；第三，蔬菜吸收土中的养分，有养人之功，适合食用，竹笋则刮肠篦胃，肚中缺少油水的人不宜食用。

关于笋，李渔也有话说，他认为笋的第一个好处是鲜美。但是，这种鲜美必须在山林中才能品尝到，从集市上购买的笋已经没有多少鲜味了。真正的鲜笋之美，就是肥羊嫩猪之味也难与其相比。如果把它们放在一起烹制，食者首先会挑出其中的笋吃掉，剩下猪肉和羊肉。

和谈论其他美食一样，李渔没有给出笋的具体吃法，只说了八个字：“素宜白水，荤用肥猪。”又说：“从来至美之物，皆利于孤行。”认为笋最适宜单独烹制。

清初文学家朱彝尊在《食宪鸿秘》中也介绍过不少笋的吃法，比如笋鲊、糟笋、熏笋、笋干等。如果是素味的鲜笋，只需要简单地用水煮过，略加一点酱酒，简单纯粹；如果加入许多调味料，反而破坏了笋的鲜美。注意，煮笋、焯笋的汤汁一定要留下，里面保有笋的鲜味，是制作其他菜肴的好辅料。

如果要吃荤味的笋，最适合的搭配是肥猪肉，可以加入一点醋或者酒。做好之后，把其中的肥肉拣去，只吃笋。

对于笋的吃法，最有发言权的还是山野中的僧人。宋代僧人赞宁写有一部《笋谱》，其中提到如何掘笋才能保持它的鲜美：一定不要让笋见风，不要受日晒。事先准备一个密闭的竹器，将从土中掘出的笋，直接装进竹器中，外面裹上油布密封。不要让笋接触水和刀刃，不要脱去笋壳，另外，蒸煮的时间一定要长。

按照李渔的观点，和笋一样堪称至美之物的，还有螃蟹。他认为螃蟹也“利于孤行”，也就是适合独立烹制。

用李渔自己的话来说，他对螃蟹有痴情。《闲情偶寄》中，他不惜笔墨，极力渲染螃蟹之鲜美：“鲜而肥，甘而腻，白似玉而黄似金，已造色香味三者之至极，更无一物可以上之。”

甚至专门作了一首《蟹赋》盛赞蟹肉之美：“油腻而甜，味甘而馥。含之如饮琼膏，嚼之似餐金粟。胸腾数叠，叠叠皆脂；旁列众仓，仓仓是肉。既尽其瓤，始及其足；一折两开，势同截竹。人但知其四双，谁能辨为十六？二螯更美，留以待终。”

李渔吃螃蟹时，总是把肥满的蟹螯留在最后，恋恋不舍的贪吃形象，尽显纸上。这样的描述依然难以尽显李渔对螃蟹的赞美，所以他又说自己无法表达螃蟹滋味的美妙：“心能嗜之，口能甘之，无论终身一日皆不能忘之，至其可嗜、可甘与不可忘之故，则绝口不能形容之。”

每年秋季之前，李渔早早准备好买螃蟹的钱，自称为买命钱。九月、十月，螃蟹肥满，李渔称之为“蟹秋”，每天都要买螃蟹、吃螃蟹。朋友们都知道他的嗜好，如果这个季节李渔请客吃饭，桌上必然要有一道螃蟹。朋友也尽量在这个季节请他吃饭，主菜当然是螃蟹。

如此饱食，李渔还觉得不够尽兴，慨叹自己没能到一个盛产螃蟹的地方去做官，可以大饱口福。又感叹自己囊中不够充盈，每天虽然买来不少螃蟹，可既要款待客人，家中又有五十多口人等待分享，最终吃到自己嘴里的螃蟹实在有限，所以李渔用文字呼号：“蟹乎！蟹乎！汝于吾之一生，殆相终始者乎……蟹乎！蟹乎！吾终有愧于汝矣。”

对于自己钟爱的螃蟹，李渔认为最好的吃法是简单地蒸熟，由客人亲自动手，边剥边食。蟹肉从蟹壳中出来，直接进到食客的嘴里去，气味没有半点的泄漏。断一螯，食一螯，剖一筐，食一筐。除此之外，李渔反对食蟹时候的任何花样：“以之为羹者，鲜则鲜矣，而蟹之美质何在？以之为脍者，腻则腻矣，而蟹之真味不存。更可厌者，断为两截，和以油、盐、豆粉而煎之，使蟹之色、蟹之香与蟹之真味全失。”

话虽这样说，李渔自己却创制了一种“四美羹”，用香蕈、莼、蟹黄和鱼腹肉。两荤两素，香蕈和莼菜，取其清香，蟹黄与鱼腹，取其鲜肥。据说，吃到的客人都赞其鲜美。

为了尽可能长久地享受螃蟹这道美味，李渔又买下许多螃蟹，制作糟蟹、醉蟹。秋天到来之前，早早准备好了制作糟蟹和醉蟹的大瓮、酒糟和好酒，分别命名为蟹瓮、蟹糟、蟹酿，另外还有一个蟹奴，是家里擅长制蟹的一位婢女。

糟蟹、醉蟹的方法多样，与李渔年代相近的《食宪鸿秘》中专辟一章，除了糟蟹、醉蟹之外还有一种酱蟹，比较新颖。

肥大的活蟹，用麻丝缠住螯足，用甜而稠的甜面酱把螃蟹逐个糊住，装入坛中密封大约两个月。螃蟹吸收酱的精华，带有一股独特的酱香，风味绝妙。吃的时候先用酒把酱洗掉，用过的酱还可以食用，带有一点螃蟹的鲜美。

制作糟蟹、酱蟹、醉蟹的要诀是：蟹要活，要老成，不要嫩小，而且不要有残破。

***

李渔称得上他那个时代的名士，以清客身份游走于士大夫之门，以获得他们丰厚的馈赠，就是所谓的“打抽丰”，这成为他一家生活费用的重要来源。那些富有的士大夫也借重这些名士的大名，提高自己的声望，他们是一种互相利用的关系。

李渔到过的地方很多，用他自己的话说，海内州郡一百五十余，他没有到过的大概只有十分之二三。

他在杭州、南京等地都居住过，又去过福建，还念念不忘福建有江瑶柱、西施舌等海鲜，认为它们是海鲜中至美之物。

西施舌又名沙蛤，因状似蛤蜊，且足从外壳中探出，最长可达二寸，如人舌一般，故有此名。李渔称赞其“白而洁，光而滑，入口咂之，俨然美妇之舌，但少朱唇皓齿牵制其根，使之不留而即下耳。此所谓状其形也”。

对于西施舌的鲜味，李渔认为并不特殊，有许多海产的鲜味超过西施舌，它只不过形状比较特别，名字比较美。可惜他在福建却只吃到了西施舌，错过了江瑶柱，一直引为恨事。

论者经常把李渔与张岱、袁枚并列。从著述的角度讲，三位大家各有所长，难分伯仲——张岱的成就在史学著作和小品文，李渔在戏剧创作和戏剧理论上多有建树，袁枚则在小说、诗文和诗话上名声响亮。

如果从一个吃货的角度来审视三人，评价他们在饮馔史上的贡献，可以很清楚地排列出他们的位次。一本《随园食单》很轻松地把袁枚推到首位。袁枚在饮食上的阅历要丰富、高档得多。他是两江总督尹继善的亲信，品尝过尹继善府中的盛馔，更见识过江浙一带豪绅中间流传的佳肴，随园的饮食档次也非同一般。

张岱整理出了《老饕集》，可惜没有流传下来。更重要的是，张岱能吃、会吃，但在饮食上完全是一副公子哥的态度，对于饮食制作的过程并不关心。而且他的一世口福在前半生已经荡尽，后半生很难享受到新鲜的美味。

李渔有闲趣，在《闲情偶寄》中专门用“饮馔”一部来谈论饮食。只是他多谈物性，很少能具体到一饮一馔，在许多细节上，李渔都是概而论之，缺少具体可操作的步骤。在谈论众人宴会时，李渔表达了所谓的五好、五不好，从中可以看出他的兴趣在雅谈，在交际，在气氛，并不在食物：“不好酒而好客；不好食而好谈；不好长夜之欢，而好与明月相随而不忍别；不好为苛刻之令，而好受罚者欲辩无辞；不好使酒骂坐之人，而好其于酒后尽露肝膈。”

从李渔的文学作品中也找不到很具体的一款美食，显然，相对于戏剧，他对饮食的了解不够深入，当然无法与袁枚相比。而袁枚的笔触更有烟火气，更能引起吃货的共鸣。

比如香蕈，李渔与袁枚都有涉及。李渔认为香蕈是有形无体之物，食用香蕈，就是在吸收山川草木之气，对人大有裨益。香蕈的食用，可以素食，但荤食更妙，在香蕈自身的清香之外，佐以浓味之汁，效果最好。

李渔只是泛泛而谈，袁枚对香蕈的性质倒没有说什么，但许多菜肴中都用到了香蕈，主要是作为辅料，和笋差不多，几乎是随处可见，每道菜中都有。

关于野禽和野兽，李渔认为，野味与家味相比较，各有长短，家味肥而不香：“野味之逊于家味者，以其不能尽肥；家味之逊于野味者，以其不能有香也。”其中的野禽，主要是指雉、雁、鸠、鸽、黄雀、鹌鹑等，野兽是指獐、鹿、熊、虎等。李渔的种种说法，都是点到为止。

袁枚也提倡食用野味，认为野味比家养的禽类味道更鲜美，也更容易消化。单是野鸡，他就列出五种吃法，分别有炒鸡片、炒鸡丁、煨整鸡、拌鸡丝、涮鸡肉等。

野鸭的吃法也不少，比如野鸭团、蒸野鸭。野鸭团就是用野鸭的胸脯肉做成的丸子：把野鸭肉剁碎，用进一点猪油，制成肉丸。锅中加入鸡汤，或者干脆就用野鸭肉本身烧汤，烧开之后，下入鸭丸。

最绝妙的一道菜是把野鸭肉切成厚片，用秋油腌浸过，用两片雪梨夹住鸭肉片，入锅中爆炒，但怎么样掌握火候，怎么样保证雪梨片在炒制过程中不散开，诀窍已经失传。

在《随园食单》“戒穿凿”一条下，袁枚点名批评了李渔，认为在吃每一种食物时，一定要依照食物的本性，不必过分加工，所以他对海参酱、西瓜糕、苹果脯都不以为然。类似的，他认为高濂在《遵生八笺》中提到的秋藤饼、李渔的玉兰糕，都是矫揉造作，全失大方，是索隐行怪。

在《遵生八笺》中找不到秋藤饼，也不清楚李渔在哪里提到过玉兰糕。在《闲情偶寄》“糕饼”一条下，李渔只是强调：“糕贵乎松，饼利于薄。”

不过，从李渔处理米饭的手法能看出，袁枚并没有冤枉李渔。李渔自创一法，当米饭煮熟时，拿一点花露浇到饭上。重新盖好锅盖再闷一会儿，然后开锅搅拌。花露不要浇太多，也不可浇遍，只需要浇到一点，让香气自己在锅中弥漫。最好使用蔷薇、香橼和桂花的花露，与米香气味相近。据说李渔用这种米饭来款待客人，客人以为是一种新奇的米。

客人夸赞新奇，也许更像是一种客气的表达。品质好的稻米，自有一种清香之气，完全不需要加入什么花露的香气，不仅显得有些做作，那种香气也会让人感觉不伦不类。如果锅中是一些劣质米，完全依靠花露来添加香气，那口感也不会好到哪里去。

无论蒸饭煮饭，都不复杂。简单的事情如果说得太多，就有矫饰之嫌。

一六

朱彝尊

清

朱彝尊（1629—1709），字锡鬯，号竹垞，晚号小长芦钓鱼师，别号金风亭长，浙江秀水（今属浙江嘉兴）人。清朝词人、学者、藏书家。博通经史，参与纂修《明史》。

*

取一只老冬瓜，在顶部适当位置切开，掏出瓜瓤，整治干净。猪肉切块，加入酱油、酒、调料等，然后把肉块填入掏空的冬瓜之内。切下的那一块冬瓜重新盖回原处，用牙签插住。

把这个带馅的冬瓜放入草灰当中，周围用稻糠围裹，再从灶中掏出烧过的灰火，盖到稻糠之上，把冬瓜整个蒙住。灰火会让稻糠慢慢燃烧起来，如此煨过一个昼夜，浓重的香味会从冬瓜里散发出来。

取出冬瓜，冬瓜已经熟软，猪肉的香味也与冬瓜的香味混合。用刀小心切去瓜皮，把整个冬瓜连同里面的肉馅剖分成小块，一

酒
煨冬瓜

起食用。填装的肉块也可以是鸡肉、鸭肉或者羊肉，滋味当然各不相同，瓜中有肉味，肉中有瓜味，想一想都让人流口水。

这是《食宪鸿秘》中的一款“煨冬瓜”。《食宪鸿秘》是清初的一部饮食著作，对清代的饮食风尚影响比较大，其作者，大多数人认为是朱彝尊，但也有人认为是山东的王士禛。

朱彝尊，字锡鬯，号竹垞，浙江秀水人，自幼秉赋异常，读书过目不忘。康熙十八年，朱彝尊以布衣的身份被推荐参加博学鸿词科的考试，录为一等十七名，担任翰林院检讨，参与编修《明史》，后来入值南书房，康熙皇帝赐他紫禁城骑马。

朱彝尊多次参加宫内御宴，于康熙三十一年告老回乡，著有《经义考》《日下旧闻》《曝书亭集》等，选编《明诗综》等。

朱彝尊嗜酒。《熙朝新语》中说，有一次朱彝尊与高念祖一起乘船去北京，某天傍晚，船靠岸停歇，朱彝尊忽然失踪。高念祖四处寻找，最后在一家酒馆里发现了已经大醉的朱彝尊。

嗜酒的同时，朱彝尊也贪吃，口味上却比较朴实，《食宪鸿秘》中的那一款煨冬瓜很能表现他的喜好。

另一款鱼饼，材料也很平实简单：取鲜鱼腹下与尾上活肉，不用背上死肉，加盐剁成小块。肥猪肉适量，加盐剁成同样的小块。鱼肉与肥肉的比例，大体上是一斤对四两。然后将猪肉与鱼肉混合一处，剁至极烂。取十余个生鸡蛋，只用蛋清，在鱼、肉混剁的过程当中逐渐加入蛋清。下一个步骤比较关键，在鱼、肉中加入清水，加水之后一定要急剁不停，不然整个鱼饼会散泄开。加水的好处有二，一是可以使滋味鲜美，二是在剁的过程中不会粘刀。加水的次数，以两三次为宜。

剁到极烂后，用菜刀把它在案板上摊成肉饼，划成小方块。锅中加清水烧开，用刀把小方块依次铲入锅中，烧滚之后捞出，盛入碗中。可以直接食用，也可以根据个人的口味加入适当调料。鱼、肉充分混合，鲜香美好。

有一款“骰子块”，据说是明代名士陈继儒的发明，其特点是肉质香滑，甜而不油腻，做法也不太复杂：将肥猪肉切成骰子块，在笼屉中铺上新鲜的薄荷叶，摆好肉块，肉上再铺一层薄荷叶，大火蒸透。然后把肉块放入锅中烧炖，加入糖、胡椒等调料。

朱彝尊是南方人，自然偏爱糟醉之味。他喜欢一种醉海蜇：把洗净的海蜇与豆腐一起煮，目的是去除海蜇的涩味，并且使口感更柔更脆。豆腐是朱彝尊喜欢的食物，这里却只作为加工海蜇的必要手段，煮过之后舍弃不用。在一个贪吃的老饕那里，追求滋味和口感第一重要，牺牲一块豆腐是值得的。

将煮过的海蜇切成小块，加入酒酿、花椒和酱油，入味之后食用。也可以简单地使用糟油拌食，滋味佳妙。

醉香蕈是一道带有酒香的素菜，制作的过程稍微有点麻烦：香蕈拣净，用水浸泡。泡过的汤水去除残渣备用。锅中放油，投入香蕈煎炒，加入前面备好的汤水。待锅中汤水收净，取出香蕈。冷却之后，用很浓的凉茶水洗去香蕈的油腻，控干水分，加入酒酿和酱油。大约半个月后，糟味进入香蕈。

朱彝尊口味清淡，有一位出家人教给他一道素菜，名为素蟹，但其实与蟹全无关系，主料是核桃仁——挑选皮薄的核桃，破壳，尽量保持核桃仁的完整。用酱、砂仁、糖、酒、茴香适量，调和成为辅料备用。用油煎炒核桃仁，加入调好的辅料，加适量水，大火烧滚即可。

朱彝尊喜欢豆腐，有一款煎豆腐：虾仁用水煮，汤冷之后，加入适量的酒酿和酱油，备用。锅中放油加热，放入豆腐块煎炸，炸透后，把先前调好的汤汁倒入，“则腐活而味透，迥然不同”。

还有一款豆腐汤，首先在锅内下油，添水，加入适当的调料，烧到滚开时，把切好的豆腐放入炖煮，“则味透而腐活”。

一款豆腐汤，一款煎豆腐，做法不同，但朱彝尊强调的两点却是相同的，一个是味透，一个是腐活。也就是既要豆腐中饱浸滋味，又要保持豆腐的嫩滑口感。

豆腐也可以熏着吃，这要求豆腐在制作时压得紧、压得硬：用盐腌过，洗净晒干，涂上香油熏烤。另一种做法是在洗净晒干之后，入卤汤中煮过，然后熏烤。

还有一款豆腐脯：取用品质好的豆腐，用厚布严密封盖，防止苍蝇爬入。几天之后豆腐败烂变臭，取出，放入滚油之中烹炸，味道极好。要想让豆腐变质，必须达到一定的温度，同时又要防止苍蝇，说明这种食物最好在合适的季节制作。

**

朱彝尊成为一个有名的美食家，不在于他发明了什么新鲜的饮馔，也不在于他留下多少饮食逸事，最主要的原因是他写过不少关于美食的诗与词。

比如朱彝尊写过一首《清波引》：“越丝千缕，谁暗趁、落潮网住。恁时看取。一钱底须与。悔逐扁舟去，乱水飘零良苦。自从歌罢吴宫，听不到、小唇语。　鸣姜荐俎，此风味，难得并数。岛烟江雨，短篷醉曾煮。荔子香辞树，一半勾留为汝。试问旧日鸱夷，比侬馋否？”

如果作者不明说，别人从字面上不太容易猜想到词中所咏的是西施舌。另一种花蛤，做汤最妙，朱彝尊喝过之后，作词两首，一首《双鸂鶒》：“俊味盐官稠叠，一种小如瓜瓞。最爱兰汤渟雪，卯酒欲醒时节。　云母乍分琼屑，玉楮刻成风叶。拾取黏双蝴蝶，惊飞鬓影奇绝。”

俊味盐官稠叠，一种小如瓜瓞。
最爱兰汤渟雪，卯酒欲醒时节。
云母乍分琼屑，玉楮刻成风叶。
拾取黏双蝴蝶，惊飞鬓影奇绝。

西施舌和花蛤都可以归入蛤蜊之中，最好的吃法也相差不大，说起来很简单，就是煮熟之后，趁热剥着吃，味道最鲜美。《食宪鸿秘》中有一种“臊子蛤蜊”，从名字就能猜出其大致的做法：

蛤蜊煮熟去壳，剩下的汤汁澄清备用。猪肉肥瘦各半，切成小骰子块，用酒拌过，入锅炒到半熟时，加椒、葱、砂仁末、盐、醋等味料，最后加入蛤蜊肉，略炒。随即倒入备好的汤汁，滚开出锅。也可以加韭菜芽、笋丝、茭白丝等炒着吃，更妙。

朱彝尊也喜欢莼菜，曾经为了一道莼羹写下一首《摸鱼子》，笔墨柔婉如莼丝缕缕，带着一点莫名的惆怅：“记湘湖，旧曾游处，鸭头新涨初酦。越娃短艇乌篷小，镜里千丝萦发。柔橹拨，绊荇带荷钱，一样青难割。波余影末，爱乍掐春纤，盛盆宛似，戢戢小鱼活。　西泠水，濯取凝脂齐脱，白银钗股同滑。蜀姜楚豉调应好，不数韭芽如蕨。烟渚阔，任吹老西风，若个扁舟发，乡心未遏。想别后三潭，龟鬋雉纼，冷浸几秋月。”

词中提到的湘湖在杭州，与西湖之间隔着一道钱塘江。袁宏道曾经提到过，从西湖采到莼菜，拿到湘湖之中浸一浸，味道最美。莼羹是南方美味，自古有名。莼羹的制法，是用莼菜加火腿丝、鸡丝、笋蕈丝和小肉圆。现在的苏菜中也有一款莼菜羹，意思差不多：莼菜在沸水中氽过，捞出控干水分，放在碗中备用。鸡脯肉和火腿切成长细丝，用澄净的高汤一起烧开，加入盐，连汤一起倒入莼菜碗中，淋上鸡油即可。相比清代的做法，如今的材料中少了肉圆和笋蕈丝。

经常与莼羹并列的另一道美味是鲈脍，朱彝尊也喜欢吃，在诗词中多次提及，比如《鲈鱼同魏坤作四首》中有一首：“水面罾排赤马船，纤鳞巨口笑争牵。吴娘不怕香裙湿，切作银花鲙可怜。”

水面罾排赤马船，
纤鳞巨口笑争牵。
吴娘不怕香裙湿，
切作银花鲙可怜。

鲈鱼最好的吃法当然是剁脍。《食宪鸿秘》中有一款鲈鱼脍，八九月的鲈鱼，挑选不足三尺长的，细切，水浸之后，用布包住，沥净水分，散置盆中。细切香柔花叶，与鱼脍相拌食用。肉白如雪，没有腥气，但是这里没有细说如何配制调味料。

清代时，人们把鲈鱼和莼菜两种美味结合，再加入鲜笋。做法是先把鲈鱼蒸熟去骨，用鲜嫩的莼菜煮汤，加入鲈鱼肉和笋屑，用好酱油调味。这种混搭的做法，据说滋味不可言传。这是一种创造和创新，可能会有意想不到的效果。

有一位朋友孙懋叔请朱彝尊吃山獐，吃过之后，朱彝尊照例要写词，是一首《木兰花慢》：“孙郎真爱客，分异味，到寒庖。尚仿佛童时，鹿边曾见，照影惊跑。弓鞘，饿鸱叫处，想风生，耳后落飞髇。谁向原头饮血，一鞭归骑横捎。　毛炮，嫩滴瓷罂，浆乍洗，析成肴。任满荐辛盘，椒花颂罢，荷叶堪包。西郊，雪晴人日，拟重寻，退谷半山坳。笑擘春前红脯，醉吟小阁松梢。”

江乡风物客中论。傍篱根，启柴门。翦翦西风，红稻倚斜曛。长记张罗秋九月，南马疃，北陶村。

山獐的形体美妙，比鹿要小一些。《随园食单》中比较过獐肉和鹿肉，认为鹿肉比獐肉鲜嫩，獐肉比鹿肉细腻，但不如鹿肉活。至于吃法，和鹿肉一样，可以烧着吃或者煨着吃，也可以制成肉脯。

朱彝尊赞美的食物还有黄雀，在一首《江城子・黄雀》中他写道：“江乡风物客中论。傍篱根，启柴门。翦翦西风，红稻倚斜曛。长记张罗秋九月，南马疃，北陶村。　充庖俊味我思存。坐黄昏，引清樽。持比香橙，蒸栗色难分。凝想流匙真个滑，全不数，鸭馄饨。”

充庖俊味我思存。坐黄昏，引清樽。持比香橙，蒸栗色难分。凝想流匙真个滑，全不数，鸭馄饨。

宋代人就喜欢吃黄雀，这种爱好一直延续了很久。《食宪鸿秘》中详细介绍了黄雀的制法，比较有特点的是不破腹，连黄雀的肠子都保留着。这是极品贪吃者的一种做法，一般人难以接受。而且连纤小的雀肺都不舍得丢掉，一个一个收集到碗里，用酒涤净，加进嫩姜、笋芽、酒、酱烹之，也可以加豆豉，据说味道绝妙。

相比之下，《随园食单》里有煨麻雀，方法大致相同。整治好的麻雀五十只，用清酱和甜酒煨炖，熟后去掉脚爪，雀胸、雀头摆放在盘中，滋味甘鲜异常。黄雀也可以用同样的方法煨制；或者先把黄雀糟过，加入酒和蜂蜜煨制。苏州一位沈观察家里的煨黄雀骨酥如泥，自有不示人的烹制诀窍。这位沈观察是一位吃货，家里的菜肴当时被推为吴门第一。

朱彝尊在那首《江城子》中拿来与黄雀比较的鸭馄饨，是一种特别的食物，又称“喜蛋”“喜弹”，实际上就是孵化失败的鸭蛋。雏鸭死在壳中，形状混沌不清，所以被称为鸭馄饨。秀水人视之为美味，食用的历史也很久，周密在《癸辛杂识》中就有“跳上岸头须记取，秀州门外鸭馄饨”之句。

鸭馄饨一般的吃法是整治之后，用浓味的卤汁慢火煨炖，吃的时候佐以胡椒末，滋味美好。所以它成为秀州的一方名吃，当地有许多专门售卖这种美味的饭铺。

这种东西，一般人不太敢吃。朱彝尊曾经请两位朋友一起品尝，一位是桐城的方先生，另一位是嘉兴的李先生。这两位都是有食胆的人，大口吞吃，连声赞美，认为滋味好过猪肉和羊肉。朱彝尊写过一首《五言赋鸭馄饨》，叙述鸭馄饨的吃法，描述两位朋友享受这道美食的情形。在另一首诗中，朱彝尊也提到这种美味：“鸭馄饨小漉微盐，雪后垆头酒价廉。听说河豚新入市，蒌蒿荻笋急须拈。”

鸭馄饨小漉微盐，
雪后垆头酒价廉。
听说河豚新入市，
蒌蒿荻笋急须拈。

***

在《五言赋鸭馄饨》诗中，朱彝尊拿来与鸭馄饨并列的，是另一道“险恶”的美食——河豚。朱彝尊吃过一种河豚羹，为此写下一首《探春慢·河豚》：“晓日孤帆，腥风一翦，贩鲜江市船小。涤遍寒泉，烹来深院，不许纤尘舞到。听说西施乳，惹宾坐、垂涎多少。阿谁犀箸翻停，莫是生年逢卯。　闲把食经品第，量雀鲊蟹胥，输与风调。荻笋将芽，蒌蒿未叶，此际故园真好。斗鸭阑边路，猛记忆、溪头春早。竹外桃花，三枝两枝开了。”

晓日孤帆，腥风一翦，贩鲜江市船小。
涤遍寒泉，烹来深院，不许纤尘舞到。
听说西施乳，惹宾坐、垂涎多少。
阿谁犀箸翻停，莫是生年逢卯。

闲把食经品第，量雀鲊蟹胥，输与风调。
荻笋将芽，蒌蒿未叶，此际故园真好。
斗鸭阑边路，猛记忆、溪头春早。
竹外桃花，三枝两枝开了。

河豚虽然鲜美，如果处理不好，却可以害人性命。也因此，朱彝尊的朋友王士禛不理解人们为什么要冒险吃河豚，他在《分甘余话》中就曾说过，他最看不懂江浙一带的三样习俗，分别是斗马吊牌、吃河豚鱼和敬畏五通邪神。按照王士禛的说法，这三种嗜好，当时当地的士大夫也不能免俗。王士禛在《居易录》中记录了陶九成录方：橄榄可以消解河豚之毒，又可以把槐树花稍稍炒一下，与等量的干胭脂混合捣碎，以水灌服，能够解毒。

《居易录》记载，康熙戊辰年春天，王士禛到北京，朱彝尊请他喝酒，地点在古藤书屋。席间的酒菜，王士禛只提到一种半翅，味道极美。

回来之后王士禛翻书考证，一定要弄清楚半翅的来历，才知道那是蓟县盘山的一种鸟：“大如鸽，似雉，鼠脚，无后指。歧尾，为鸟，憨急，群飞。出北方沙漠。盘山多有之，土人呼为半翅。”

盘山的这种半翅，更通俗的叫法是沙鸡，王士禛说它也叫铁脚。《龙沙纪略》记录黑龙江流域的物产，提到了沙鸡，说它“鸠形，鹑毛，足高二寸许，味胜家鸡”。只是这种沙鸡与王士禛吃的半翅是否是同一种鸟，不得而知。

味合添雏笋，羹宜配冻醪。
登盘人未识，入肆价须高。
且缓思鸮炙，全胜食雉膏。
莫愁尝易尽，谗鼎戒贪饕。

朱彝尊写过两首《食半翅》，揣摩诗意，半翅应该是一种候鸟，这种美食的吃法也是多种多样：“味合添雏笋，羹宜配冻醪。登盘人未识，入肆价须高。且缓思鸮炙，全胜食雉膏。莫愁尝易尽，谗鼎戒贪饕。”

还有两首《食铁脚》，显然在朱彝尊看来，铁脚与半翅并不是一种鸟。铁脚也是一种候鸟，每年初冬时经过北京。这种鸟朱彝尊在故乡没有吃过，感觉十分新鲜。

朱彝尊布衣出身，他喜欢的食物也很朴素。康熙年间，清朝立国不久，官员中的奢靡之风还不像后来那样盛行，加上朱彝尊的自律，他接受款待的机会应该比较有限。所以在他的诗文中找不到鹿尾、熊掌、燕窝、鱼翅之类贵重的食物。至于让王士禛念念不忘的半翅，也不难理解。半翅产在盘山，盘山距离北京不远，在当时算不上稀罕之物。

当然也会有人送给朱彝尊一些珍贵的食物，比如他写过一首《李检讨惠鲜鳆鱼赋诗》，鳆鱼就是鲍鱼，这位李检讨名叫李澄中，山东诸城人，鲍鱼大概是从家乡带来的，送给了朱彝尊。朱彝尊不清楚鲍鱼的吃法，诗中说：“于焉出新意，淬汁藉糟灌。杂杂筠筐排，一一桂火煅。虽殊马甲脆，足胜羊胃烂。”

于焉出新意，淬汁藉糟灌。
杂杂筠筐排，一一桂火煅。
虽殊马甲脆，足胜羊胃烂。

揣测其中意思，他们是南北结合，先把鲍鱼糟过，再拿到火上烤着吃，口感似乎还不错。

鳆鱼肉质坚韧，《食宪鸿秘》中有几种吃法。一是把鳆鱼清洗干净，水浸一昼夜，泡得极嫩；再切为薄片，与冬笋、韭芽同炒，以酒和猪油为味料。

另一种是把鳆鱼用水泡煮，去皱皮后，加酱油、酒和茴香煮用。第三种，把鳆鱼煮过，豆腐切骰子块，炒熟，趁热把鳆鱼倒入，加酒酿烹过，口感脆美。

鲍鱼难得，与之相比，螺要朴素得多，更对朱彝尊的胃口，于是他要写诗。他在一首《黄螺》中说：“肉缩等蜗角，涎腥过蛎房。怜渠一破壳，也有九回肠。”另一首《香螺》：“鳆鱼虽言美，只供汉贼餐。讵若香螺洁，日上先生盘。”

螺的吃法比较简单，主要的一点是让它吐净泥沙，味道和口感都好，吃起来也过瘾，是吃货们喜欢的一道美味。

肉缩等蜗角，
涎腥过蛎房。
怜渠一破壳，
也有九回肠

《藤阴杂记》[1]说，在吃到半翅的那次宴会上，王士禛在朱彝尊那里意外看到了一块研山，据说是北宋书法家米芾的用品。研山，也就是砚山，既可做案头清供，又可以研墨。米芾的研山最早属于五代时期南唐李后主，之后落入米芾手中，宋徽宗时期又进入宫中，明代晚期归朱国祚所有。

朱国祚，字兆隆，明代万历十一年的状元，做过翰林修撰、礼部尚书，明熹宗时期做过文渊阁大学士，是朱彝尊的曾祖父。因为这些缘故，王士禛看到这件传世奇物之后，自然大喜过望，作长短诗各一首。但两年之后王士禛再到北京，朱彝尊已经把研山卖给了别人。

平民出身的朱彝尊，终其一生，都能保持住廉洁与操守。他曾经典试江南，受命之后，朱彝尊不见客，不受请托，考试结束回到北京，随身携带的只有一些书籍。但朱彝尊又喜欢热闹，在故乡的时候就经常与朋友们聚会，所以当时有“禾中文酒之会，甲于海内”的说法。参加的人除了朱彝尊，还有不少当地名流。这种聚会的花销由参加者均摊，大体上每个人每次要出三十文钱，按照当时的物价水平，这些钱可以买到荤菜、素菜各一份。

聚会通常在傍晚开始，大家在一起除了分享美食，还要即席赋诗，高谈阔论，往往要持续一夜。所以在酒菜之外，还要多准备蜡烛，各人还要携带笔墨，准备吟诗。

之后朱彝尊把这种喜好带到了北京，在北京的古藤书屋中宴请过不少客人，大家一起吟诗赏画，一起饮酒、行令、分享美食。

1 《藤阴杂记》十二卷，是清朝戴璐所著地理笔记著作。书中对于京师五城及郊区的历史风土做了记录，并录存了诸多当时名家诗词题咏。成书用时达数十年。

有一种玩法是大家联句，近似酒令。比如梁药亭将归南海时，他们在此联句饯别，由朱彝尊起始，吟的是一句“露蕣倦未飘，云鸿远相引”。随后在座的各位每人一句，又轮回到朱彝尊，如此循环。

后来朱彝尊从古藤书屋搬到槐市斜街，诗酒之会自然换了一个地点，并没有终止。

○煨冬瓜○鱼饼○骰子块○醉海蜇○醉香蕈○素蟹○煎豆腐

○豆腐脯○烹雀肺○半翅○酒烹鳆鱼○鸭馄饨

一七

尹继善

清

尹继善（1696—1771），章佳氏，字元长，号望山，满洲镶黄旗人，著有《尹文端公诗集》十卷，曾参与编修《江南通志》《云南通志》。《八旗文经》等收录其文。

*

有一次，袁枚替两江总督尹继善写了一副对联，尹继善收到之后，写了一封信表示感谢，说："谢代笔之劳，兼谢在旁磨墨者之劳，佳人闻之，必嫣然一笑也。"

随信附上的，还有一盘风肉。说起来，尹继善府里的风肉可是不同寻常，等闲之人轻易品尝不到。袁枚在《随园食单》中介绍过这种风肉的制法。

秋冬季节，一头猪收拾干净之后，斩为八块。每块用盐四钱，仔细揉搓，然后挂到阴凉通风的地方，到夏季时取用。其间如果肉上长了虫子，只要涂上一些香油即可。

食用之前，要先在水中浸泡一夜，然后

尹继善之母

锅中加水，放入风肉，水要完全没过风肉。煮熟之后，沿着与肉丝垂直的方向，横切为薄肉片，吃起来香肥可口。

同样的制作办法，别处的风肉总是不如尹府那样好吃，其中一定会有别的窍门，大概袁枚也不得要领。尹继善经常会把自家制作的风肉贡献到宫中，也算是一绝。

风肉是腊肉的一种，风肉之外，《随园食单》里还提到几种腌制肉，分别是酱肉、糟肉、暴腌肉。加工方法也差不太多，都要先用一些盐腌一下，接下来的步骤有些差别：酱肉是加入面酱或者秋油，然后悬挂风干；糟肉是加入米糟；暴腌肉则什么都不加，但是必须在腌制三天之后就食用。三种腌制肉都适合冬季制作和食用，但保存的时间不如风肉或者腊肉长。

尹继善家里的火腿也是极品。那个时代的火腿当中，以金华、兰溪、义乌三地的火腿品质最好。不过，即便是这三地的火腿，质量也相差极大。另一种好火腿，是杭州忠清里王三房家里制作的，称得上顶级。

袁枚曾经在尹继善府里吃过一种蜜火腿，他认为是火腿最好的吃法。根据袁枚的描述，蜜火腿是把火腿连皮切成大块，加入酒和蜂蜜，煨到极烂，软香可口。火腿的香气在窗外很远处就能闻到，吃到嘴里，甘鲜异常。

袁枚是见过世面的美食家，能得到他如此赞誉，说明尹府蜜火腿的滋味确实是好。袁枚把它称为“尤物”，后来再没有吃到过那么好的火腿。

尹继善的地位高，权力大，这让他有机会品尝人间最名贵的美味。这当中，他最赞赏的就是鹿尾，认为是天下第一美味。问题是，鹿尾产自北方，江浙一带很难得到，即便运来，也不新鲜。袁枚曾经得到一条比较大的鹿尾，用菜叶包裹了，入锅中蒸熟，味道与众不同，最妙的是尾上的一道浆水。

《浪迹丛谈》的作者梁章钜也喜欢吃鹿尾。梁章钜在北京任职的时候，每到冬季，贡入北京的鹿尾不少，让他有机会大饱口福。后来出外任职，依然有机会享用鹿尾，一般是由梁章钜的夫人亲自动手料理，薄薄切片。

在桂林任职时，距离京城十分遥远，好在经常有差人来往，依然可以捎带过来鹿尾。梁章钜在桂林时写的“寒夜何人还细切，春明此味最难忘”，说的就是好吃的鹿尾，在当地被传为佳句。

辞官之后，梁章钜再没有机会品尝鹿尾。很显然，作为一道高级美食，鹿尾是权位的附属品，与金钱和地域的关系不大。没有权位的梁章钜也只能到回忆之中搜寻鹿尾的美好滋味。

与鹿相关的还有鹿筋，制作起来比较复杂，因为鹿筋不容易炖烂，而且异味很大。一般要提前几天捶打、水煮，换几次水，淘净异味。一种做法是不加辅料，只用鸡汤或者肉汤煨炖，调料用秋油和酒，轻微勾芡，最后撒一点花椒末。也可以加入火腿、冬笋、香蕈等，用鸡汤煨炖，不勾芡，制成鹿筋汤。

尹继善也喜欢吃鲟鱼，认为自己府中的鲟鱼菜天下无比。袁枚曾经品尝过尹府的鲟鱼，认为做得并不是最好。主要的问题是煨得太久太烂，致使滋味重浊。

在《随园食单》中，袁枚把鲟、鳇并称，认为鳇鱼的恰当做法，一个是炒鳇鱼片，方法是鳇鱼切片，油炸，加入酒和秋油烹炒，味料主要用到葱与姜，量要大一些。袁枚曾经在苏州一位唐姓人家吃过这种炒鳇鱼片，味道奇佳。

另一种是鲟鱼的制法，先用清水煮一煮鲟鱼，然后加工让骨肉分离，鱼肉与鱼骨分别切成小块。用备好的鸡汤把鱼骨煮到八分熟，下入酒和秋油，最后加入鱼肉，略煨一下就可以起锅，加入葱、韭、胡椒，倒入一大杯姜汁。这样使鱼骨和鱼肉的火候分开，让二者熟得更为均匀。

尹继善喜欢的食物不只限于稀缺昂贵的鹿尾、鲟鱼，他还喜欢喝粥，并且有自己的看法：就是粥做好之后，最好马上食用，长久放置，粥凝之后，口感大变。所以宁可人等粥，不要粥等人。

袁枚自己对喝粥也很讲究，认为好粥的标准是：米与水的比例一定要合适，“见水不见米，非粥也；见米不见水，非粥也。必使水米融洽，柔腻如一，而后谓之粥。”

袁枚认为，粥的材料要纯正，在粥中加入鸭肉，做成所谓的鸭粥，或者加入果品，制成八宝粥，都不是正路。不妨在粥中加入一点五谷杂粮，比如夏天时可以加一些绿豆，冬天可以加一点黍米。

在这方面袁枚的说法是有一些矛盾的，比如他就介绍过一种适合老年人喝的鸡粥。主料是一只肥母鸡，将胸脯肉割下，剥去鸡皮，用刀刮削成鸡肉末。剩下的鸡肉鸡骨熬成鸡汤，澄净之后重新入锅，把鸡肉末、细米粉、火腿屑和松子肉一起下入鸡汤，烧开之后，放入葱、姜，浇上鸡油。这一款粥，饭菜兼备，鲜香而有营养。

尹继善和袁枚重视粥与饭，从养生的立场来看，他们认为粥饭为本，菜肴为末，本立而道生。如果一次宴席中喝不到好粥，就算菜品很好，也不能算是成功的。袁枚曾经到某位官员家里吃饭，桌上的菜肴都还不错，但最后端上来的饭和粥都十分粗糙，袁枚勉强吞下一些，结果回来之后，身体内外都各种不舒服，认为是自己五脏遭难。

**

尹继善，字元长，满洲镶黄旗人，父亲尹泰担任过大学士。满族一向注重骑射，翰墨文章不是他们的长项。当然也有许多旗人弟子在科举考试当中胜出，但许多人的官阶不会做到很高。

雍正皇帝还是雍亲王的时候，有一次前去祭祀祖陵，因为天降大雨，夜里就住在尹泰的家里，见过尹继善的面。当时尹继善参加了北京地区的科举考试，中了举人，不久以后就要参加会试。原本他想在考试之前去拜访雍亲王，但是那时候雍亲王已经做了皇帝。尹继善当年能考中进士，应该是有一些特定的原因的。

新科进士拜见皇帝，雍正皇帝称赞尹继善大器。雍正皇帝刚刚即位，当然要任用自己的亲信。那以后，尹继善开始了快速升迁的官宦生涯。

尹继善在雍正元年考中进士之后，先做了几年翰林编修。雍正六年被派到江苏任职，雍正九年署两江总督，兼理两淮盐政，都是令人垂涎的肥缺。雍正十一年，再调任云贵广西总督。担任两江总督的时候尹继善才三十岁，能得到如此重要的职位，证明雍正皇帝对他的偏爱。

雍正皇帝死后，乾隆皇帝和父亲一样器重尹继善。满族人以科举进身的人并不多见，乾隆皇帝就曾经说过：“我朝百余年来，满洲科目中唯鄂尔泰与尹继善为真知学者。”

乾隆初期，尹继善先是回到北京，做了一段时间刑部尚书，父亲尹泰去世之后，尹继善出任川陕总督，但任期不久，母亲又去世。乾隆八年，尹继善再署两江总督，协理河务。

乾隆十三年，尹继善回到北京，短暂做过户部尚书，然后出任川陕总督。乾隆十六年再次调任两江总督，这一次任职的时间最长。乾隆三十年，乾隆皇帝南巡，此时尹继善已经七十岁，被召回京城，做了上书房总师傅，于乾隆三十六年去世。

尹继善出身富贵之家，自己又位高权重，一生仕途坦荡，过了一辈子锦衣玉食的生活，算得上福厚之人。在许多方面，他有点像曹雪芹的祖父曹寅。这样的经历和地位，决定了尹继善在饮食上的口味，他的饮食没办法不挑剔，没办法不精致。

尹继善担任两江总督的时候，闲暇之时，最喜欢做的一件事就是收集各位官绅家里的菜单，评点其中菜肴的优劣。他有一个好参谋，就是袁枚——由他各家品尝。所以那一段日子里袁枚大饱口福，每日都是醉饱而归，然后把自己中意的菜肴记录下来，交给尹继善。

袁枚是一个美食家，虽然他很挑剔，但他知道，各家都想在这种事上给总督大人留下好印象，所以袁枚在每家的菜单当中总能指出一两道美味。唯独在评点倪廷谟家的菜品时皱眉摇头，没有一样让他满意的。袁枚认为倪家的厨子手艺太差。

倪廷谟是杭州人，字春岩，进士出身，做过潜山县令、安庆府同知，颇有政绩，诗写得很好。袁枚的评价让他很不服气，亲自写信给袁枚，解说自家菜肴的好处。书信的落款十分搞笑，署的是“菜榜刘蕡”。刘蕡是唐朝文人，文章写得极好，但是因为秉笔直书，考官担心得罪人，致使刘蕡落选。

如此署名，说明倪春岩认为自己家的菜很好，是袁枚不识货。这种事传扬出去，惹得听者大笑。

***

尹继善和袁枚评点各家菜肴，让袁枚多了许多见识。《随园食单》中记录的一些菜单，应该就是在这个过程中发现的。

袁枚偏爱豆腐，记录了多种豆腐吃法，许多都是以人来命名的。比如一款“蒋侍郎豆腐”：把豆腐切成片，猪油烧热，豆腐片入锅内煎过，撒盐，翻身，倒入甜酒，加入泡过的虾仁，加秋油和糖，最后加入葱段，随后起锅。

“杨中丞豆腐”：选用细嫩的豆腐，切块，在开水中焯掉豆腥气。锅中加入鸡汤，把焯好的豆腐和鳆鱼片一起下锅，炖煮片刻，加入糟油和香菇，起锅。重点是鸡汤要浓，鳆鱼片要薄。

“张恺豆腐”也是虾仁与豆腐的配合：虾仁捣碎，和豆腐块一起放入油锅中，干炒。“庆元豆腐”也是干炒豆腐，但辅料不是虾仁，而是泡过的豆豉，另是一路滋味。最有名的是一款“王太守八宝豆腐”，据说是当年康熙皇帝赐给大臣的一款豆腐菜，不知道怎么流传到了王太守府里，是很有故事的一道菜。

乾隆二十三年，袁枚和金冬心在扬州的程立万家里做客，席间端上来一道豆腐菜，切片，两面呈微黄色，没有丝毫卤汁。看上去毫不起眼，吃到嘴里，却能尝出一种海产才会有的鲜美味道。

这道菜让袁枚念念不忘，和朋友查宣门谈起来，查宣门说那道菜其实很简单，他就会做。于是袁枚约了别的朋友一起去查宣门家，查宣门亲自跑到厨间，忙了好一阵子，终于把他的“豆腐菜”端了出来。袁枚尝了一口就笑出来，查宣门做的根本就不是豆腐，而是油煎的鸡脯和雀脯。花钱不少，用的都是好材料，做出的滋味却远远比不上程家的真豆腐。

当初，袁枚因为妹妹亡故，匆匆离开酒席，来不及向程立万请教那道豆腐菜的制法。没多久程立万去世，让袁枚好不后悔，因为他再也无法搞清楚程氏豆腐的秘密，他把这种豆腐称为“程立万豆腐”，也算是一种纪念。

《随园食单》中还专门提到了冻豆腐。冬日里，把豆腐放在外面冻一夜，切成小块，在开水中滚一下，去掉豆腥气。用鸡汤、火腿汤、肉汤煨熟，辅料用香菇和冬笋。吃之前，拣去菜中的鸡肉、火腿等，只留素菜，却有鸡汁、火腿汁的浓香。

冻过的豆腐依然保留着豆腐本身的味道，口感稍稍硬一些，更有咬头。最重要的是，豆腐中间会形成许多的蜂窝，饱含汁水，挟一块豆腐入嘴，立刻满嘴的汤汁，十分过瘾。

还有虾油豆腐，用虾油把豆腐煎黄。芙蓉豆腐，实际上就是豆腐脑，用井水泡过，去掉豆腥气，在鸡汤中滚一下，加入紫菜、虾肉等，随即出锅。从配料来看，味道十分鲜美。

在那位蒋侍郎家里，袁枚除了学到一款豆腐，还学了几样菜，其中一个便是煨海参。

海参本身无味，处理不好却有腥气，需要从辅料那里借味。

先洗去泥沙，用肉汤滚泡。用鸡汁和肉汁煨炖，辅料有香蕈和木耳，要炖一天，才能炖到极烂。

蒋侍郎家里的煨海参，配料有豆腐皮、鸡腿和蘑菇。袁枚自己也有一种吃法，是海参、竹笋、香蕈切小碎丁，加入鸡汤煨制成羹汤。

蒋侍郎家还有一种凉拌豆腐皮，适合夏天食用。首先把豆腐皮泡软，与虾仁相拌，加入秋油和醋。在此道菜中额外加入海参，夏天吃，在补益身体的同时，又有祛暑的功效，只是不宜加醋。另一种凉拌海参，是袁枚在夏观察家里吃到的，海参切细丝，加入芥末，淋入鸡汁。

尹继善与袁枚，名义上是师生，其实关系十分亲密，彼此随意，如同一家人一样。袁枚经常到尹府，尹继善身边有许多小妾，对袁枚毫不回避，还经常与他当面请教诗文之事，直接称呼他“袁先生”。有时候袁枚到尹府，遇到尹继善在官府中处理公事，他便直接到内院之中等候。

最夸张的一次，尹继善想请袁枚到自己府中喝酒，等了好久还不见袁枚过来，派人前去催促，却找不到袁枚在哪里。尹继善只好打道回府，不承想袁枚早就赶到尹府，和小妾们张罗酒宴，已经一起喝了起来。尹继善大笑，还专门为此写了一首《山枢》。

尹继善喜欢赋诗，他与袁枚之间经常会有诗文唱和。袁枚每有新作，尹继善总要应和，赋得佳句，立刻派人快马加鞭，把诗稿送给袁枚看，速度奇快。

后来袁枚想了一个办法，事先写好一首诗，内容是：“知公得句便传笺，倚马才高不让先。今日教公输一着，新诗和到是明年。”诗写好之后，袁枚不急着送出去，一直等到除夕之夜，临近子夜时分，才派人把诗送到尹继善手里。这个时候，无论尹继善回应得多快，应和的诗也无法赶在子夜之前送到袁枚的手里了。

尹继善大笑，这样的玩笑，他喜欢。尹继善病重的时候，床榻之上到处是他草拟的诗稿。后来乾隆皇帝要来探视，他才让家里人收拾一下。最终尹继善死在乾隆三十六年，时年七十七岁。

〇尹府风肉〇尹府火腿〇窑火腿〇鹿尾〇鹿筋汤〇煨鲟鱼

〇鸡粥〇虾油豆腐〇鸡汤洵参

煨红肉

一八

袁枚

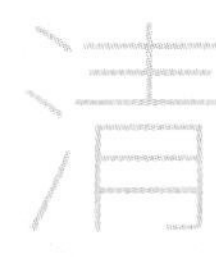

袁枚（1716—1798），字子才，号简斋，晚年自号仓山居士、随园主人、随园老人。钱塘（今浙江省杭州市）人，祖籍浙江慈溪。清朝诗人、散文家、文学批评家和美食家。主要著作有《小仓山房文集》《随园诗话》《随园食单》《子不语》等。

*

一个被称为吃货的人，首先要贪吃，重视吃，同时要吃得讲究，吃得精致，而且在饮食上具有足够丰富的阅历，要有一己之见。当然，最好也要有几样自己拿手的菜肴，具备相当的水准。再进一步，如果能将自己的经验、感悟和创造诉诸诗文，那就是吃货中的极品了。

历史上能称得上这种极品的人数量稀少，袁枚应该算是一个。

袁枚，字子才，号简斋，晚年又号随园老人、仓山居士，浙江钱塘人，自幼极聪明。《藤阴杂记》记载，乾隆元年，袁枚受人推荐参加博学鸿词科考试，在参试的近二百人当中，袁枚是年纪最小的一位，结果落选。乾隆四年，袁枚考中进士，成为一名知县，在江南任职。当时尹继善担任两江总督，颇为欣赏袁枚的才学，彼此来往密切。

袁枚做官不久，就称病回家，后来又到陕西短暂任职，正赶上父亲去世，于是回到江宁。江宁的小仓山，古木苍郁。清朝康熙年间，一位姓隋的江宁织造曾经在这里建造一处园林，异常气派，官员用自己的姓氏将其命名为隋园。几十年后，隋园逐渐荒废。袁枚看中这块地方，便花钱买下，然后按照自己的趣味加以改造，园名也改为随园。

那以后的五十多年中，袁枚再没有出去做官，在精致的随园之中吟诗著书，邀约宾朋，或者访问各地名士，游山玩水，过着优裕而精致的名士生活。随园经常有名流前来造访，每天高朋满座，人人惬意，对随园赞不绝口。

随园中的主要建筑，一处是小仓山房，是袁枚平时会见和宴请客人的所在；另一处是袁枚自己读书寝卧的地方，在小仓山房旁边，名为夏凉冬燠所，其中陈设古雅。夏凉冬燠所的楼上，名为绿晓阁，也称南楼。在楼上凭窗远望，视野开阔。袁枚身边姬妾众多，都在此居住。袁枚经常在阁上看她们妆扮，好不惬意。

随园的优雅生活之中，一个重要的部分就是独特而精致的美食。随园的位置比较偏僻，不方便外出购物，但袁枚非常讲究饮食，所以园中储存了丰富的食材，同时又自己种菜种果，养鱼养鸭养鹅养羊。据说有客人来到，随园的厨师可以随时准备饭菜，需要到市面上购买的，只有豆腐和猪肉两样。可能是因为做豆腐、养猪都比较费事，每次宴会的用量也比较有限，遇到需要的时候，从市面上直接购买，又新鲜又经济。

袁枚自己不喝酒，却尽量收罗各地美酒，存放在随园之中，以备款待朋友之用。随园的餐具、酒器也极为讲究，一次宴席，中间要换用不同的酒具，名瓷、白玉、玻璃、犀角等轮流使用，很有炫耀的嫌疑。

大臣伍拉纳的儿子曾经三次到访随园。第一次是在年幼的时候，跟随家塾一起前往。袁枚亲自出来迎接，当时他已经年过六十，伍拉纳的儿子对他的印象是五尺多高，一张长脸上面生有许多麻子，胡须已经发白，但身体十分康健。

随园里的环境很典雅，窗子上都镶着时髦的彩色玻璃，蓝色的紫色的，颇为好看。袁枚留下二人吃饭，摆出的菜肴也很精致。当时伍拉纳儿子的年纪还太小，只记得大家吃了四碗面，饭桌上到底摆了什么菜，说不清楚。

十几年之后，伍拉纳出任闽浙总督，他的儿子已经二十岁，做了三等侍卫。在去福建探望父亲的途中，伍公子再一次去了随园。但袁枚正好不在园中，而是在苏州。反正去福建要路过苏州，伍少爷就去苏州找袁枚，终于如愿。

虽然一切不如随园那样方便，袁枚依然没有让伍少爷失望，他让自己的女弟子端出来两盘点心，另有一盘酱葱蒸鸭，一盘蛏干烂肉。伍公子吃得很满意，送给袁枚四十两银子。

不太清楚那一盘酱葱蒸鸭的做法，但一个真正的美食家，一定不能忽视鸭子。袁枚当然也是如此，在他的《随园食单》中记录了不少鸭子菜，可以拿来参考。

首先是一款蒸鸭：将鸭子一定要肥，整体剔除鸭骨，把火腿丁、香蕈、笋丁、糯米、秋油、酒、麻油、葱花等材料塞入鸭肚之中。鸭子摆放到大盘子里，盘中加入鸡汤。连盘子放入锅中，隔火蒸透。

另一种干蒸鸭：将收拾干净的肥鸭子，斩成八块，放入瓷罐之中，倒入甜酒和秋油，淹过鸭块，封住罐口。再把瓷罐放在干锅里，注意不要加水。锅底使用炭火慢烧，大约两炷香的工夫，罐中的鸭肉会酥烂如泥。

还有一款鸭糊涂，也需要把鸭子拆开。挑选肥公鸭，水煮到八分熟，取出冷却，剔除鸭骨，将鸭肉撕成大小合适的肉块。锅中加油，将鸭肉块回锅，调料有盐、酒和煮鸭子的汤水，煨炖的过程中，加入适量的山药泥，最后加入姜末、香蕈和葱花。

蛏干烂肉的制法也不详。《随园食单》里有蛏的吃法，肉的吃法更多，二者结合的方法却没看到。蛏干和肉在一起，一般应该是煨炖才对。《随园食单》就有煨肉的方法，分为红煨肉和白煨肉。白煨肉是先把肉用白水煮到八分熟，盛出，肉汤备用；锅中加酒和盐，把煮过的肉重新入锅，煮肉的一半肉汤倒回锅内，先大火，后慢火，煨至汤汁浓腻，加入葱、椒、木耳、韭菜等，起锅。

红煨肉，是指最终做成的猪肉红如琥珀，吃到嘴里，瘦肉的部分也是一触即化，非常香烂。根据辅料的不同，大致有三种做法，分别使用甜酱、秋油和纯酒煨熟。这道红煨肉要想做得好看，火候很重要，所谓“紧火粥，慢火肉”，一定要慢慢煨炖。而且起锅的时机非常重要，起锅太早，肉色发黄，起锅太晚，肉色已经变紫。

伍公子这一次来找袁枚，显然是慕名而来，一定要吃到他的好菜才会甘心，所以他不嫌麻烦，从南京找到苏州。袁枚的酱葱蒸鸭和蛏干烂肉可能确实好吃，不好吃也没有关系，因为对伍公子而言，最重要的一点，是他用那四十两银子买到了一份足够体面的谈资，以后与朋友们聚会之时，他应该会经常提到这两道菜。毕竟，袁枚是当时的名士，名声响亮。

嘉庆己卯年，伍公子再一次探访随园。此时伍家早已经败落，伍拉纳因为贪腐，早已经在乾隆六十年被乾隆皇帝处死。而袁枚也离世很久，他精心构造的随园也已经破败不堪，成为一处茶馆。

**

袁枚在《随园食单》中提到的蒸鸭的方法，是真定的魏太守家里的制法，干蒸鸭则是杭州一位何姓商人家里的制法。在饮食上，袁枚称得上见多识广，重要的一点是袁枚很善于学习。袁枚著作中的许多美味都不是他自己创制的，而是从别人那里学习而来。

在《随园食单》的自序中，袁枚特意提到这一点。每次他去别人家里吃饭，如果感觉某一道菜的滋味好，回去以后，袁枚就会派自家的厨子赶到人家去，虚心讨教。这种做法持续了四十多年，其中有完全学会的，有学成六七分的，也有只学了大概的。《随园食单》中所记的饮食，许多都是这样得来的，而且袁枚尊重别人的创造，会说明哪一味美食是学自哪一家。

这种学习而来的美食，袁枚往往就用人家的姓氏来命名。比如《随园食单》中的两款鸡，一款得自蒋御史家，所以称为“蒋鸡”，另一款得自唐静涵家，称为“唐鸡”。

蒋鸡的制法比较简单，取一只小鸡整治干净，放入砂锅中，加盐、酱油适量，再加三大片姜、半茶杯老酒，隔火蒸烂。其中关键的一点是砂锅中一定不要加水。

唐鸡的制法相对复杂一些。一只二斤重的鸡，切成块，用二两菜油爆炒，加入一碗酒，翻炒一二十下，再加入三碗水炖煮，淋入一酒杯秋油，临到出锅之前，再加入少量白糖。

袁枚听说蒋戟门观察很会做菜，其中最有名的是他做的豆腐，便前去拜访，蒋观察问袁枚吃没吃过他做的豆腐，袁枚说没有。于是蒋观察系上围裙亲自下厨，忙活了半天，最终端出一盘豆腐。

不用说，这道菜滋味奇美，袁枚尝过之后，向主人请教做法。蒋观察要求他给自己做三个揖，才肯传授。袁枚也不含糊，马上就做，才把那道菜学到手，回去之后自己实践，效果不错。他的朋友毛俟园因此做诗一首，是嘲笑，也是夸赞：“珍味群推郇令庖，黎祈尤似易牙调。谁知解组陶元亮，为此曾经一折腰。”

袁枚为了美食而折腰，很值得。制作美食是有诀窍的，许多时候，就算站在一旁观看人家的制作过程，或者拿到了详细的菜谱，照葫芦画瓢，也不一定能做出一样的美味。

比如袁枚在山东孔藩台的府上吃过一种薄饼，又大又薄又软糯，“薄若蝉翼，大若茶盘，柔腻绝伦”，非常好吃。袁枚回去让家里人如法制作，总是做不出一样的效果。

这种学不会的美食，袁枚也有办法吃到——他会把人家的厨师请到随园中来，现场制作。比如泾阳的张荷塘家里有一位女厨师，擅长制作一种美味的花边月饼，手艺独特。袁枚学不来她的手艺，就经常派人抬上轿子，到张荷塘府中接上女厨师，抬到随园来。

据说，那种月饼是用冷猪油和面，一个关键的步骤是揉面，一定要不惜力气反复揉按。以带皮的红枣为馅料，做成饼状，周围捏出菱形的花边。下一步，把饼夹在两个煎锅中间，拿到火上，反复颠倒烘烤。这种枣馅的月饼和今天的月饼差不多，吃起来甘而不腻，松而不滞。

张荷塘府上还有一种天然饼，大概也出自这位女厨师之手。用的是精白面粉，加入糖和猪油和面，做成碗大的饼状，形状随意，不要做得太厚。将一些鹅卵石洗净之后铺在煎锅中，面饼摊放在鹅卵石之上，烤至半黄即可。因为鹅卵石的缘故，做成的面饼形状凹凸不平，吃起来非常松美。

山东的刘方伯家里也自制一种月饼，和张家的一样好吃。面皮使用山东面粉，用油和面。馅料用松子仁、核桃仁、瓜子仁等，碾为细末，加入冰糖和猪油。吃起来香松柔腻，不会过甜。

在《随园食单》序文的最后，袁枚顺带评点了一下历代的饮食书，认为《说郛》中所载的三十多种饮食书，包括明末清初的陈继儒、李渔等人的一些饮食文字，都不足取。袁枚按照他们的说法试验过，认为那些文字谈到的食物闻起来味道好，吃到嘴里滋味却很差，只能算是“陋儒附会”，根本不足取。

《随园食单》开篇就是一份“须知单”，集中交代了袁枚自己关于饮食的种种看法。比如食物之间的搭配，“要使清者配清，浓者配浓，柔者配柔，刚者配刚，方有和合之妙”。有些食材比较适合荤菜，比如葱、韭、茴香、新蒜；有些食材却只适合素菜，比如芹菜、刀豆、百合；有的则是可荤可素，比如蘑菇、鲜笋、冬瓜等。

某些食材本身味道浓郁独特，不适合与其他的食材配合，应该单独烹制，比如鳗、鳖、螃蟹、鲥鱼、牛羊肉等，只需要一点调料调和它的滋味，就能凸显它们的优长，遮掩它们的流弊。如果加入同样有个性的辅料，反而很难兼顾，很难处理好味道。

这方面的例子不少。袁枚在南京见过当地人用海参来配甲鱼，用鱼翅来配蟹粉，都认为欠妥当。例如螃蟹，和许多人的看法一样，袁枚认为最好的吃法是煮了吃，略加一点盐即可。如果口味清淡，也可以直接蒸着吃。自己动手，一点点剥开挑剔，先壳后脚，细细地品咂，自得其乐趣。

当然也可以让厨子把蟹肉、蟹黄剔出来，放入煮蟹的汤中，做成一道蟹羹，滋味纯正。或者用蟹肉做炒蟹粉。还有一种常见的做法，把剥好的蟹肉、蟹黄装回蟹壳里，加入一点鸡蛋液，蒸熟之后食用。

关于烹调的火候，袁枚的许多看法称得上经验之谈，值得记取："有愈煮愈嫩者，腰子、鸡蛋之类是也。有略煮即不嫩者，鲜鱼、蚶蛤之类是也。肉起迟，则红色变黑，鱼起迟，则活肉变死。屡开锅盖，则多沫而少香。火熄再烧，则走油而味失。"

古人一直强调餐具，有"美食不如美器"的说法。这方面，袁枚也有话要说。首先是尽量不要使用名贵的明代瓷器，因为这些器具价值高昂，酒席宴上，主人和客人自然害怕碰损，小心谨慎，反而不能尽情享用桌上的美食。

基于此，袁枚认为，如果桌子上能摆上官窑的瓷器，雅丽庄重，就很好。至于餐具的种类和规格，要由食物来决定：“宜碗者碗，宜盘者盘，宜大者大，宜小者小，参错其间，方觉生色。若板板于十碗八盘之说，便嫌笨俗。大抵物贵者器宜大，物贱者器宜小。煎炒宜盘，汤羹宜碗，煎炒宜铁锅，煨煮宜砂罐。”

***

“须知单”之后，袁枚又列出了一份“戒单”。强调要戒耳餐，戒目食。所谓耳餐，就是不要追求贵物、名品、名菜，普通食材只要制作得法，一样可以成为美味，“豆腐得味，远胜燕窝；海菜不佳，不如蔬笋”。

所谓目食，是片面追求菜品之多，餐桌之上，碗碟重叠，只为显示主人的富有和待客的热情。但袁枚认为，一个厨师的能力是有限的，在一天之内只能做出三五道好菜，如果一味地求多，菜的品质自然参差不齐，堆了一桌子的菜，没有一种可口的。袁枚说他曾经到某位富商家吃饭，前后上了三轮菜，外加十多种点心。主人以为客人必定会满意，结果袁枚回家之后只感觉腹中饥饿，不得不喝粥充饥。

袁枚在饮宴之事上的许多见识，即使今天看来都是科学合理的，比如他说的戒纵酒滋事、戒暴殄天物、戒强行让菜、强调珍惜食物等。对于虐食，袁枚也极为反感，认为不是君子该有的行为。

有意思的是，袁枚非常讨厌火锅。当时人们喜欢在冬天吃火锅，使用的燃料除了木炭，竟然还有烧酒。袁枚讨厌火锅的理由也很有道理，认为各种菜品对火候的要求差别很大，现在把它们一起投进火锅当中煮食，很难得到最佳的滋味。而且火锅摆在餐桌之前，烟气蒸腾，众人的筷子一起在锅中抄搅，十分不雅。

戒单的最后一条是“戒苟且”。袁枚认为凡事都不应该苟且对付，与饮食相关的事情更是如此。主人对厨子的要求一定要严厉，要赏罚分明。有问题要及时指出，苟且的结果必然是越来越差：“火齐未到而姑且下咽，则明日之菜必更加生。真味已失而含忍不言，则下次之羹必加草率。”

袁枚的口味高，对饭菜本身十分挑剔，制作菜肴的细节也毫不含糊。如此一来，要想做好随园的厨师，难度极大。

袁枚是乾隆时代的著名诗人，文学理论家，称得上一代名士。人们把他与赵翼和蒋士铨合称为乾隆三大家，又有人把他与纪昀并列，即所谓的“南袁北纪”。

乾隆时期，国家太平已久，享乐之风盛行。南京的秦淮河一带灯红酒绿，画舫如梭。河上有一种小渔船，通常是一个人摇桨行船，另一个人张网捕鱼。捕到的活鱼就近卖给往来的画舫，其中以秦淮鲤最好。画舫上备有厨具，取来秦淮河水，马上把秦淮鲤做上，随即端给画舫上的客人。从捕鱼到吃进客人的嘴里，中间历时很短，所以鱼的味道极佳。袁枚最喜欢这一道鲤鱼。

《随园食单》里记录了不少鱼菜，归在“江鲜单”下面，第一种就是长江中著名的刀鱼，吃法有二。

一是把刀鱼收拾干净，摆入盘中，加入蜜、酒酿、清酱等，大火蒸熟。第二种方法比较麻烦一些。刀鱼和鲥鱼一样美味，也一样多刺，可以用快刀割取鱼片，用小镊子仔细抽出鱼刺，用火腿汤、鸡汤和笋汤煨炖，鲜妙绝伦。

还有鱼圆，也就是鱼丸，主料用鲜鱼，一剖为二，用刀刮成鱼肉末。将肉末与豆粉、猪油搅拌，放盐、葱汁、姜汁，捏成鱼团，入开水锅中，熟后捞出，浸入冷水。吃的时候还要加工，锅中放鸡汤烧滚，把鱼圆和紫菜放入，煮开以后盛出。这种方法也可以用来制作虾丸。要点是鱼肉或者虾肉都不能捶刮得太细，以免失去本味。

当时袁枚在江浙诗坛影响很大，追随者众多，袁枚广收弟子，其中有不少女学生。有一幅《随园十三女弟子湖楼请业图》，图中画着袁枚和十几个女弟子。图后有袁枚亲笔写的跋，指出画中各位女弟子的姓名和身份。

画中的聚会，时间是在乾隆壬子年三月，地点是西湖边的宝石山庄。十三位女弟子大多是富贵人家的妻子、女儿、孙女，拜袁枚为师，学习诗文。袁枚特意请人把自己和女弟子们的形象绘成一幅画，并提笔在每个人身旁标注上名字。

当时有一位王侍郎很看不起袁枚的行为，认为袁枚招收的门徒鱼龙混杂，只要会吟几句诗，都被他网罗到身边，未免有辱斯文。

《郎潜纪闻》的作者陈康祺，则认为，袁枚的随园生活十分奢华，要维持下去需要大量的金钱，他是以写诗的名义，结交权贵，同时从弟子们那里得到一些钱财。因此，陈康祺对他的做法持一种宽容的态度。

后人对于袁枚的评价，臧否不一。《冷庐杂识》对他早年做地方官的经历，持肯定态度。认为他做事勤勉，判断清明。家事上，孝敬母亲，兄弟姐妹的关系极好。对朋友情谊深重，又乐于培植后生。指斥他的人，认为他的某些行为佻薄，晚年放荡。

袁枚死后，耗费他无数心血的随园风光不再，太平天国时期被完全毁坏，只留下袁枚墓和七姬墓，还有几处石刻。昔日的崇楼丽影、笙歌宴乐，昔日的精致生活和无限惬意，全都无影无踪，让人怀疑那一切是否曾经真实存在过。

值得庆幸的是，宝贵的《随园食单》流传下来，让我们能够透过那些文字，揣想那些曾经的美味与芳香。

○酱葱蒸鸭○蛏干烂肉○鸭糊涂○红煨肉○白煨肉○蒋鸡○唐鸡○蟹羹○豆豉黄鱼○蒸刀鱼○蒋观察豆腐○孔藩台薄饼○花边月饼○天然饼

一九

曹雪芹

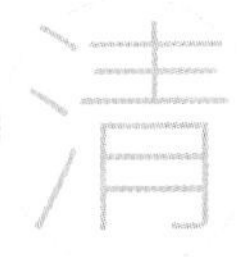

曹雪芹（约1715—约1763），名霑，字梦阮，号雪芹，又号芹溪、芹圃，中国古典名著《红楼梦》的作者。出生于江宁（今南京），曹雪芹出身清代内务府正白旗包衣世家，是江宁织造曹寅之孙，曹颙之子（一说曹頫之子）。

*

《红楼梦》第十六回中，贾琏和王熙凤夫妇正在房里吃饭，贾琏的奶妈走进来求王熙凤办事。贾琏从桌子上替奶妈拣了两个菜，又请她喝惠泉酒。王熙凤说那些菜太硬，恐怕奶妈嚼不动，让平儿去端来一碗火腿炖肘子，香而烂，正好可以给老奶妈下酒。

火腿其实也是用肘子制成的，火腿炖肘子不知到底是个什么菜。《随园食单》里就有一种火腿煨肉，没有明确说明煨的是什么肉，意思应该和火腿炖肘子差不多。做法是：把火腿和猪肉都切成块，放在冷水中清洗之后沥干。加入清水煨炖，调料用适量的酒、葱、椒、笋、香蕈等。

火腿鲜笋汤

关于火腿，《随园食单》的作者袁枚的评价很客观，认为火腿的品质相差悬殊，不能单纯以产地来判断好坏：“火腿好丑、高低，判若天渊。虽出金华、兰溪、义乌三处，而有名无实者多；其不佳者，反不如腌肉矣。”

清代美食家梁章钜对于火腿很有研究，在《浪迹丛谈》中综述火腿的来历，认为自古有之。火腿又名兰薰，金华出产，分为冬腿、春腿，其中冬腿可以久藏不坏。按照部位划分，又有前腿、后腿的区别。

梁章钜认为，金华火腿好吃，原因首先在于喂猪的饲料。金华当地人喂猪的饲料是做饭淘米的米汤，再加入豆腐渣和稻米的糠屑，夏天的时候还会再加一些瓜菜，养料丰富，所以金华猪肉的质地细嫩香美。当地还有一种“船腿”，要比一般的金华火腿略小一些，烹煮的时候满室飘香，味道极美，所以更为珍贵。这种船腿来自当地一些使船的渔户所养的猪，估计也是在饲料上比别处更好，所以肉质更美。

金华各地的火腿，又以东阳、浦江所制的最佳。东阳火腿区别于别处的主要地方，一是腌腿时使用台盐，二是熏制时使用松烟。浦江火腿比一般的金华火腿小一些，在制作时不用盐，所以又名淡腿，或者茶腿。陈年的浦江淡腿还有药效，可以开胃，止血痢。

关于金华火腿还有一种传说，听起来有点玄：金华火腿在制作时，在几十条火腿中必须放入一条狗腿，否则做不成。而且这条狗腿的味道格外香美，火腿商人十分珍视，不会轻易卖给别人。

《红楼梦》第五十八回中有一款火腿与竹笋的搭配。贾宝玉被林黛玉的丫鬟紫鹃吓得大病一场，病中饮食清淡，一直吃的是咸菜加稀饭。宝玉的身体慢慢复原，晴雯抱怨说，宝玉的身体已经好了，“还不给两样清淡菜吃。这稀饭咸菜闹到多早晚？”

于是，这一天的晚饭有了变化，小丫鬟捧进食盒子来，里面除了四样小菜，还有一碗火腿鲜笋汤，热热的。宝玉熬了许多天，真的是馋极了，伏到桌子上大喝一口，连说“好烫！”

让宝玉急不可耐的这一碗火腿鲜笋汤，材料的搭配要比他哥哥贾琏的那一碗火腿炖肘子更为恰当，也符合饮食常理。两碗风格不同的火腿菜，与小说的情节配合自然，显示出作者深谙饮馔之道。

少年贾宝玉对于饮食并不在意，许多场合中，让他操心的根本不是桌上美味，但他毕竟是豪门公子，美食经验一点都不缺少。

书中第八回，宝玉在薛宝钗那边吃茶，说起自己前天在贾珍府里吃过的鹅掌和鸭信如何好吃，薛姨妈赶快拿来自己糟的鹅掌、鸭信，给他品尝。宝玉还不知足，说这东西就酒吃最好。薛姨妈溺爱宝玉，赶快让人去取最好的酒。

贾宝玉一个人吃饭，总是很随便，他吃的食物却制作讲究，一点都不随便。第五十二回中，冬天里早晨起来，丫鬟们服侍宝玉吃东西，用小茶盘捧了一盖碗建莲红枣汤。宝玉只喝了两口，又从一小碟法制紫姜中拿了一块，噙在嘴里。

六十二回中，宝玉回到自己房里，和芳官一起吃饭，柳嫂子派人送来一只食盒，这其实是为芳官准备的食物，偶尔被宝玉撞见，但内容一点都不含糊：“里面是一碗虾丸鸡皮汤，又是一碗酒酿清蒸鸭子，一碟腌的胭脂鹅脯，还有一碟四个奶油松瓤卷酥，并一大碗热腾腾碧莹莹绿畦香稻粳米饭。”

宝玉吃了一个卷酥，泡着虾丸鸡皮汤吃了半碗米饭。芳官吃了一碗汤泡饭，再吃了两块鹅脯。和平时一样，这一类偶然遇到的吃食，宝玉反而比正餐更重视，吃得香甜可口，感觉十分尽兴。

书中四十九回，宝玉在贾母那里吃饭，端上来的第一道菜是牛乳蒸羊羔，贾母当时便说："这是我们有年纪人的药，没见天日的东西，可惜你们小孩子们吃不得．今儿另外有新鲜鹿肉，你们等着吃。"

听这话的意思，贾母经常吃这一道蒸羊羔，但年轻人不能吃这道菜。贾宝玉惦记着赶快回到大观园，等不及吃鹿肉，匆匆吃了一点米饭，下饭的是一道野鸡瓜齑。

宝玉吃的野鸡瓜齑，《竹屿山房杂部》中也有类似的菜，是一道五味瓜齑。原料是鲜嫩的黄瓜，切成小块，用盐腌一夜之后，日下晒到半干。将熟油与红砂糖、醋、鲜紫苏叶丝、姜丝等相拌，把晒过的瓜块与辅料一起倒入热锅中，拌匀，收入瓷罐之中。

贾宝玉吃的野鸡瓜齑，制法应该差不多，差别在于其中加入了一些野鸡肉，不再是一种单纯的小咸菜了。

另一种八宝齑，材料更丰富，用到了面筋、熟笋、木耳、豆腐、酱、姜、酱瓜、栗子等，细切成条状或者片状，入油锅中，加入花椒略炒。

**

《红楼梦》的作者曹雪芹，名霑，字梦阮。曹雪芹的祖父曹寅，字子清，号荔轩，又号楝亭，工诗词，书法不错，家中富于藏书。曹寅的母亲孙氏是康熙皇帝的乳母，因为这一层关系，曹寅和康熙皇帝从小关系亲密，称得上发小。曹寅十三岁就做了康熙皇帝的御前侍卫，深得宠信。

康熙三十一年，曹寅督理江宁织造，四十三年巡视两淮盐政，官至通政使司通政使。康熙皇帝南巡，几次住在江宁织造的衙署，见到曹寅的母亲，康熙皇帝非常高兴，说："此吾家老人也。"

当时院中鲜花开放，康熙皇帝亲笔写下"萱瑞堂"三个字，赐给曹母。

曹寅有钱有才，出资刻印了不少古籍，《四库全书总目》中收录了一本《居常饮馔录》，署名就是曹寅。此书汇编了前代的一些饮膳之法，包括"糖霜谱""粥品及粉面品""制脯鲊法"等部分。

清初著名学者朱彝尊与曹寅多有来往，曾经写过一首诗《曹通政（寅）自真州寄雪花饼》："旧谷芽揉末，重罗面屑尘。粉量云母细，糁和雪糕匀。一笑开盘槅，何愁冰齿龈。转思方法秘，夜冷说吴均。"

真州就是现在的仪征，距离南京、扬州都不太远，距离朱彝尊的家乡浙江嘉兴就比较远。曹寅不嫌麻烦，从真州寄给朱彝尊一些雪花饼，说明这种饼风味独特。依照曹寅的地位和经济条件，他比普通的官员更有条件讲究饮食，有条件制作一些精馔美味。

雪花饼的制作方法，《竹屿山房杂部》中介绍了两种，一种主料是绿豆粉，另一种是面粉，看起来都不错。问题是，任何一种面饼，在烙熟之后趁热吃，口感最好。曹寅从真州把雪花饼远远地寄过来，滋味肯定已经大打折扣。

喜好风雅的曹寅在康熙五十一年病死，身后留下巨大的财务亏空。康熙皇帝不忍追究，让曹寅的儿子曹颙继任江宁织造，希望他能补上父亲留下的亏空。不久曹颙也死了，康熙皇帝又亲自做主，把曹寅的侄子曹頫过继给曹寅，继续担任江宁织造，但是情感上已经大为疏远。

曹颙和曹頫不但没有补上曹寅的巨大亏空，反而越亏越多。到了雍正时代，曹家的好日子到了尽头。曹頫被捕入狱，抄没家财。一般的研究者认为，曹雪芹就是曹頫的儿子，早年在江宁织造府度过，享受过富贵生活和奢华的饮食。

曹家败落，从南京迁往北京。此时曹雪芹才十几岁，锦衣玉食的生活发生了巨变，曹雪芹一家过起艰辛的平民生活。正是在这种困顿生活当中，曹雪芹写下那一部传世巨作《红楼梦》，人世间的沧桑变化，由一支妙笔曲折婉转地表达出来，亦真亦幻，引人猜想。

小说中的贾府，馔品丰富，许多东西根本不需要出去买，自己家的庄园里就有，定期送到府里来。第五十三回中，一个名叫乌进孝的庄头到府里来进献年货，除了米、炭、银钱，还有下列物品：

大鹿三十只，獐子五十只，狍子五十只，暹猪二十个，汤猪二十个，龙猪二十个，野猪二十个，家腊猪二十个，野羊二十个，青羊二十个，家汤羊二十个，家风羊二十个，鲟鳇鱼二百个，各色杂鱼二百斤，活鸡、鸭、鹅各二百只，风鸡、鸭、鹅二百只，野鸡、兔子各二百对，熊掌二十对，鹿筋二十斤，海参五十斤，鹿舌五十条，牛舌五十条，蛏干二十斤，榛、松、桃、杏瓤各二口袋，大对虾五十对，干虾二百斤。

前面美食中用到的野鸡、羊、鸭、鹅，这里都有了。还有品种各异的猪将近一百口，贾府里的火腿当然可以自己做。

尽管如此，贾府里仍然会有缺少的东西，比如鹌鹑。第四十六回中，王熙凤说她的舅母送来了两笼子鹌鹑，她让人炸了吃。第五十回中，贾母喝酒，让人端过来一盘子糟鹌鹑，由李纨给她撕了一点鹌鹑脚吃。

一部《红楼梦》显示出曹雪芹丰富的情感和人生阅历，饮食上的经验也不同寻常，不知道他是否看过祖父曹寅编刻的那一本《居常饮馔录》。

近年来，有研究者把一部《废艺斋集稿》也归到曹雪芹的名下。书中内容驳杂，讲金石刻印，讲风筝制作，讲园林画扇，讲编织印染。其中的第八册名为《斯园膏脂摘录》，讲的就是饮馔。

《斯园膏脂摘录》只有一部分残稿可见到，其中讲到花露、桃膏、泡菜、风鱼、火肉的制作，只是许多文字同冒襄《影梅庵忆语》中与饮食相关的文字几乎完全一样，不知为何。

除此之外还有一种蒸米粉肉，与冒襄的著作无关。其制法只能通过残缺的文字来猜测，其中的主料是米粉、肥瘦相间的猪肉。把猪肉切成大小合适的薄肉片，将茴香、大料、椒盐、五香等味料研为细末，揉擦到肉片之上，再拌上甜面酱和白糖。

将处理好的肉片铺在碗底。白米用开水烫过两遍，滤去水分，加入清水，碾成粉状，与碗中的肉片混合，入锅中大火蒸透。《斯园膏脂摘录》评价这道美食的特点是："油透肉香，甜中带咸，油入粉中，不腻不枯，诚为上品。"

这是北方的制法，南方的蒸米粉肉不用酱，没有酱味，只剩下甜味。

***

一部《红楼梦》，饮食多样，其中最有名的要数那一道茄鲞。

第四十一回中，贾母带着刘姥姥逛大观园，在缀锦阁下面吃酒。酒席中间，按照贾母的吩咐，王熙凤亲自动手，挟了一些茄鲞送进刘姥姥的嘴里，笑着说："你们天天吃茄子，也尝尝我们这茄子，弄的可口不可口。"

刘姥姥尝过，不肯相信这道菜是用茄子做的，说："别哄我了，茄子跑出这个味儿来了，我们也不用种粮食，只种茄子了。"

王熙凤就细细地给她讲解这一道菜的制法，说："这也不难。你把才下来的茄子，把皮刨了，只要净肉，切成碎钉子，用鸡油炸了，再用鸡肉脯子合香菌、新笋、蘑菇、五香豆腐干子、各色干果子，都切成钉儿，拿鸡汤煨干，将香油一收，外加糟油一拌，盛在瓷罐子里，封严。要吃时拿出来，用炒的鸡瓜子一拌，就是了。"

复杂的配料和制作程序，也难怪刘姥姥尝了半天，只尝出一点点茄子的香气。配料中用了许多鸡，自然味道香美，用刘姥姥的话来说就是："我的佛祖！倒得十来只鸡来配他，怪道这个味儿！"

在此前后，王熙凤一直在戏弄刘姥姥，为的是逗大家开心，尤其是逗贾母开心。所以，关于茄鲞的制法，王熙凤的一番话里到底有没有玩笑和夸张的成分，这种成分又有多少，不太好说。而在座的其他人当中，知道茄鲞制法的人应该很有限，王熙凤在这一点上夸张，不会有什么效果。

茄鲞这道菜值得研究。"鲞"字有两种常用的意义，都与吃相关，一是指剖开、晾干的鱼，二是指腌腊的片状食品，比如鱼鲞、茄鲞、笋鲞等。《梦粱录》中提到，宋代的杭州城里有许多鲞铺，主要售卖各种鱼鲞，也就是腌晒过的干鱼。

明代的《竹屿山房杂部》《遵生八笺》等饮食著作之中也有鲞菜，却与贾府的这一道茄鲞毫无关系，“茄鲞”一名更是难见踪影。

不过，年代更远的元代《中馈录》中有一种“鹌鹑茄”，明代高濂的《遵生八笺》也收录进去，看起来很像这一道茄鲞。具体制法是：选择嫩茄子，切成细丝，在滚水中焯过控干，将盐、酱、花椒、莳萝、茴香、甘草、陈皮、杏仁、红豆等配料放在一起研为细末，与茄子丝拌匀，晒干之后，入锅蒸过，收存。吃的时候，用开水泡软，“蘸香油煠之”。

主料和配料当中都找不到鹌鹑的影子，却被称为鹌鹑茄，可能与它的味道有关系。茄丝容易入味，晾晒的过程中，配料的滋味完全浸入茄丝当中，各种材料相互影响、相互作用，会合成一种新鲜的味道。所以这一道菜其实与鹌鹑无关，在原理上与《红楼梦》的茄鲞更为接近。

《中馈录》中还有一种糖蒸茄：挑选大而嫩的茄子，保留茄蒂，纵向剖切成六瓣，但不要切断。将少量盐拌入切好的茄子腌一下，在汤中焯至变色。控干之后加入薄荷、茴香末等，再加入糖醋，浸泡三天以后，从汤水中取出，晒干之后重新放回原来的汤汁中，再浸再晒，直到汤汁全部被吸入茄子，最后把晒干的茄子收存。

如果喜欢酸味，还有一种糖醋茄：把嫩茄子切成三角块，用烧开的水过一下，包在布里，用重物压干。盐腌一宿，晒干，加入姜丝、紫苏拌匀，装入瓷坛。将适量的糖醋在锅中煎过，倒入瓷坛，浸泡茄块。

糖蒸茄和糖醋茄在吃的时候当然还要加工，如果用足工夫，用足材料，滋味肯定不比贾府的茄鲞差。

中国人食用茄子的历史比较长，在唐朝的时候又称茄子为伽子、落苏、昆仑瓜等。古代医书认为，食用烹熟的茄子，可以厚肠胃，动气发疾，利弊参半。唐朝的僧人也喜欢吃茄子，直接拿到火上烤着吃。

元代的《饮膳正要》中有一道“茄子馒头”，先将羊肉、羊油、羊尾子和葱、陈皮等一起剁碎，制成馅料。选用嫩茄子，掏去内瓤，把调好的肉馅塞入其中，放入锅内蒸熟。再用蒜和香菜末配合，作为调味料蘸食。

清代美食家袁枚也很重视茄子，把自己在别人家里吃到的两种茄子吃法记录下来。一种是把整只茄子去皮，在开水之中焯掉苦汁，取出晾干；锅中放猪油，将晾干的茄子煎过，加入甜酱和水，煨炖而成。

另一款是茄子不去皮，切成小块，先在油锅中过一下油，然后用秋油炒，有点像烧茄子。袁枚认为，最简单的吃法是把茄子蒸熟，划开，用香油和醋拌着吃，适合夏秋季节。

再说大观园里缀锦阁的宴会。刘姥姥尝过了茄鲞，大家笑过、闹过之后，继续喝酒，然后就要吃点心。端上来的食盒当中，有藕粉桂花糖糕、松瓤鹅油卷、螃蟹馅的小饺子、奶油炸的小面果，样样精致。贾母嫌小饺子油腻腻的，最后只吃了一块松瓤鹅油卷，薛姨妈吃了一块藕粉桂花糖糕。

王熙凤把茄鲞说得那么热闹，其实贾府中的许多人还是喜欢清淡一些的菜肴。刘姥姥在贾府吃过玩过，准备离开。王熙凤的贴身丫头平儿给她准备了许多礼物，又嘱咐她回去以后，多晒一些干菜，其中就包括茄子干：

平儿笑道："休说外话，咱们都是自己，我才这样。你放心收了罢，我还和你要东西呢。到年下，你只把你们晒的那个灰条菜干子和豇豆、扁豆、茄子、葫芦条儿，各样干菜带些来，我们这里上上下下都爱吃，这个就算了，别的一概不要，别罔费了心。"

旧时代，夏秋两季蔬菜丰盛，冬春两季蔬菜缺少。人们要平衡一下，就把一些蔬菜切丝切片，晒干收藏，以备寒冷季节食用。这一类干菜，如果烹制得法，别有一种风味，所以贾府里的人也都喜欢吃。

在北京那些冷清、寡淡的冬天和春天，这样的茄子干菜曹雪芹一定吃了不少。

○茄鲞○火腿炖肘子○火腿鲜笋汤○虾丸鸡皮汤○酒酿清蒸鸭子○胭脂鹅脯○奶油松瓤卷酥○建莲红枣儿汤○糟鹅掌○牛乳蒸羊羔○野鸡瓜齑○蒸米粉肉○藕粉桂花糖糕○螃蟹馅小饺

二〇

梁章钜

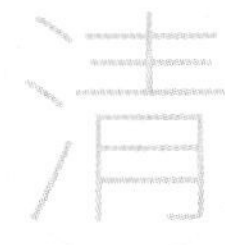

梁章钜（1775—1849），字闳中，又字茝林，亦作茝邻，晚号退庵，祖籍福建福州府长乐县（今福建省福州长乐区），其先祖于清初迁居福州。中国清代官员、经学家。晚年从事诗文著作，一生共著诗文近70种。其在楹联创作、研究方面的贡献颇丰，乃楹联学开山之祖。

*

《归田琐记》中有一个天厨星的故事，讲的是晚明的学者曹学佺，字能始，福建侯官人，明朝万历年间的进士。曹学佺进京赶考，两位朋友与他同行。曹学佺一向非常讲究饮食，三个人当中，只有他随身带着一个仆人，专门照料路途上的饮食。也因此，两位朋友拿出钱来交给曹学佺，让他统一安排三个人的饮食。

仆人的厨艺非常好，整治的菜肴十分美味，两位朋友吃过，总是赞不绝口，同时又抱怨花销太大了，心疼自己的银子。这种抱怨的话说得多了，仆人极不高兴，走到苏州的时候，仆人对曹学佺说，他不能同时照料

熟羊腿

三个人的饮食，请先生与另外两位同伴分开，大家各吃各的，不然他就要离开先生。

曹学佺很为难，既舍不得好手艺的厨子，又不想得罪疏远了朋友，权衡再三，只好打发厨子返回福建的曹府，还给家人写了一封信，说明缘故，让仆人带回去。结果厨子从苏州回到福建，中间只用了一天的时间，这个速度在当时是不可思议的。曹家的人非常震惊，仆人解释说："我本是天上的天厨星，咱家主人也是天上的仙官，我为他驱使，心甘情愿。可我不想伺候另外二人，他们不配。"说完此话，仆人立刻不见了踪影。

这个故事还有另一个版本，是袁枚《续新齐谐》中记载的，说曹学佺平时的饮馔十分精美，他每次设宴，总要让一个名叫董桃媚的人给他掌勺。曹学佺有一位同年，要到蜀中出任督学，希望能带上一个好厨子一同前往，指名要找董桃媚。

曹学佺答应下来，没想到董桃楣不肯去。曹学佺大怒，董桃媚跪下来解释说："桃媚是天厨星，曹公是仙官，所以我来侍候曹公。督学只是一个凡人，怎么能享受天厨的手艺？"说完就消失不见了。

《归田琐记》的作者是梁章钜，这样一个荒诞不经的故事，他讲得津津有味，而且提到了故事的两种不同的版本，不厌其烦，原因很简单，梁章钜自己也是一个贪吃的老饕。这种天厨星的故事本身透露出了一种强烈的愿望——每一个贪吃的人都祈望老天能降下一个类似的天厨星，为自己掌勺。

梁章钜家里也有一颗"天厨星"，这位厨子名叫陈东标，手艺不错，而且很喜欢这种天厨星的故事，到处以此自夸。大家因此戏称他天厨星，但梁章钜对陈东标的手艺评价不高，认为他只是一个庸手。看来，要想获得梁章钜这种吃货的首肯，并非易事。

梁章钜是曹学佺的福建同乡，字闳中，又字茝林，也作茝邻，晚号退庵。清代嘉庆七年，二十八岁的梁章钜考中进士，几年之后因病请假还乡，在浦城的南浦书院担任讲席多年。

四十岁的时候，梁章钜重新回到北京，曾经在精膳司帮办掌印，随后考取军机处章京，转至礼部供职。道光皇帝继位之后，梁章钜时来运转，官阶不断提升，先后做过湖北荆州知府，江苏、山东、江西按察使，江苏、甘肃布政使，广西、江苏巡抚，在担任两江总督时，因病告老还乡，跟随儿子梁恭辰居住在温州，死时七十五岁。

梁章钜的祖父很讲究吃，他认为，古人饮食精致，不是为了满足口腹之欲，而是为了养生之道："人不能一日离饮食，若所入皆粗而不精，即难免有损而无益。"

当时，梁家的经济状况并不太好，还是特意请了一个厨子。梁老先生虽然讲究，每顿饭也不过是三杯清酒，三碗菜肴。他有一个好习惯，就是不吃剩菜。自己吃不了的菜，把孙子们叫过来分享，绝不留到下一顿。而孙辈当中，梁章钜受益最多。童年时期的这些经历，对后来梁章钜在饮食上的讲究，深有影响。

梁章钜的祖父最终活了八十多岁，在当时算得上高寿。梁章钜认为，祖父的长寿与他的饮食有关系。而梁章钜自己的见闻似乎也证明了这一点："自余入仕途，所见师友中，惟孙寄圃师、黄左田师、石琢堂先生及董琴南观察四人，最精烹饪，而皆享大年。"

长辈之外，师友在饮食上也对梁章钜很有影响。纪昀是梁章钜的恩师，非常喜欢吃肉。关于纪昀的身世，有许多传奇的说法。据说纪昀生下来的时候耳朵上就带着耳洞，他的双脚又白又小又尖，好像缠过的女足，因此有人说纪昀是女人托生的。

还有人认为他是猴精托生，在家的时候，他的面前总是摆满各色的干果，比如榛栗梨枣等物，纪昀随手抓食，嘴一直不闲着。而且他在椅子上坐不住，喜欢四处走动。饮食习惯也很怪异，不吃米，很少吃面，最爱吃肉。每餐只要一盘猪肉，一壶茶水就够了。有人亲眼看见纪昀吃烤肉的样子，三斤肉转眼之间被他吃光。府上款待客人的时候，也会端上来美味的菜肴，但纪昀只是陪客人吃，自己很少动筷子。

早年间，梁章钜考中进士之前，曾经住在北京游侍御家中。游侍御家里经常吃一道菜，就是小炒肉，味道佳美。有一次大家坐在一起喝酒，谈论各人最喜欢吃的一道菜，游侍御说他最喜欢小炒肉。

这个故事后来梁章钜经常想起。梁章钜讲究饮食，但身边厨子的手艺总是让他不满意。吃饭的时候总是要与家里的厨子计较一番。厨子要讨好他，也给他做小炒肉，但滋味比游侍御家的小炒肉差得太多，梁章钜斥之为“寸炒钱绳”，很少下筷子。从理性上说，梁章钜也知道自己的苛求不太好，当年侍御大人在饮食上的态度十分随意，相比之下，梁章钜自觉有愧。看来，他的理性和他的舌头立场不同。

看似随便的一道小炒肉，如果讲究起来，可以做得十分奢华。清代有一个很夸张的故事，说年羹尧失宠之后，被雍正皇帝贬为杭州将军，居住在杭州。此时年羹尧的财力大不如前，身边的许多姬妾陆续离开他，嫁给当地人。

杭州的一位秀才娶了年羹尧的一个侍女。据说，这位侍女当初在年羹尧府中负责烹制食物，而且只管一道菜，就是小炒肉。年羹尧每个月大概只会吃一两次小炒肉，每到这个时候，侍女就要忙上半天，这一个月其他的日子里就闲着无事。

秀才感觉好奇，想尝一尝年羹尧的小炒肉是什么滋味，让侍女给他也做一次，完全照着年府的做法。侍女摇头说："按照年府的做法，做一盘小炒肉，需要准备一整只活猪，我在猪身上选最好的一块肉来炒。你只是一个穷酸秀才，每次买回一斤肉，怎么能做？"

后来书生有机会搞到一头猪，一定要侍女做一次小炒肉。侍女炒了一盘，秀才大概吃得太美，连自己的舌头都吞到喉咙中去，差一点噎死。

**

梁章钜吃到的最好美味，是一道醋熘黄河鲤鱼。当年梁章钜路过潼关，当地官员一定要他品尝一下黄河鲤鱼。梁章钜认为时间还太早，不到饭点。官员说："这里的鲤鱼最新鲜，而且烹制方法最恰当，错过了太可惜。"

梁章钜只好从命，坐下来品尝，果然味道奇佳，便称赞它"为生平口福第一，至今不忘"。梁章钜认为，北京的醋熘鲤鱼其实也做得极好，只是比起潼关的鲤鱼，在材料上先就差了一个"鲜"字。

《随园食单》里有一种"醋搂鱼"，大概和梁章钜的醋熘鱼是一个路数。这是一种杭州菜，西湖边上的五柳居做得最好，名气最大。使用的不是鲤鱼，而是青鱼。鱼不能太大，大了不入味，但也不能太小，小了鱼刺太多。

把活的青鱼切成大块，过一下油，加酱、醋、酒爆炒，再加汤，炖熟起锅。不过，袁枚所在的时代，五柳居的醋搂鱼已经大失水准，“酱臭而鱼败”。

梁章钜所处的时代比袁枚晚，他肯定也到过五柳居，吃过这里的鱼。梁章钜的夫人郑氏两次游览杭州，他都陪着。郑夫人在一首诗中写道：“系缆欣依五柳居，推篷呼酒又呼鱼。斜阳影裹团栾醉，一饱千钱尚有余。”

揣测诗意，梁章钜和郑夫人乘船游览西湖，游船停靠在五柳居旁边，他们叫了五柳居的鱼和酒，在船上享用到黄昏，都有了醺醺醉意。而且，五柳居的酒菜并不贵。

现在的闽菜当中有一款五柳居，与西湖的五柳居关系不大，其中的“五柳”是指香菇、笋、胡萝卜、姜、葱白等五种辅料，切成细丝状。主料是草鱼，先在锅中用水氽熟，再浇上浓汁。其中也用到醋，有酸甜之味。

同样是在黄河边，在甘肃靖远县的黄河上游还出产一种小鱼，身长三寸左右。腊制之后，异常美味。梁章钜忘记了这种鱼的名字，便按照产地，把它称为靖远鱼。靖远县里的官员每到年底会给各级官员献上这种美味，当时有一位官员十分认真，严词拒绝。后来官员到梁章钜的府上做客。梁章钜收到二百尾靖远鱼，拿出来作为佐酒的菜肴，官员吃过以后赞不绝口，回去之后还派人来向梁章钜索要靖远鱼。

梁章钜喜欢吃豆腐和面筋。但这两样食物制作过程复杂，到外面买现成的，又让人放心不下。比如面筋，梁章钜在桂林当官时，府里有一个厨子最擅长做面筋，让梁章钜喜欢上这种口感很好的素食。

但是在福建故乡的梁家人却不喜欢面筋，原因是当地的一些商家在制作面筋时，会用双脚踏面，想起来就让人恶心，无法下咽。

《竹屿山房杂部》中谈到过面筋的制法，主料是面粉，比较关键的一点是要使用盐水和面，不然很难形成面筋。将和好的面先放一放，然后浸入一桶冷水之中，反复揉按、折叠，把面团里的淀粉分离出来。水混浊了，就换水再揉。最后把得到的面筋放到笼屉里蒸熟，面筋就做成了。和豆腐一样，是很好的一种素食。

《随园食单》中也有面筋的三种吃法。吃法一，先将面筋入油锅煎过，加入鸡汤和蘑菇煨炖。吃法二，面筋用水泡过，切条，与冬笋等同炒，加鸡汤。吃法三，手撕面筋，加入虾汁，用甜酱炒。

关于豆腐，梁章钜在《归田琐记》中提到一个有趣的故事：宋代理学家朱熹不吃豆腐，但他的理由与众不同。朱熹用一种科学家的严谨态度认真研究豆腐的制作过程，发现一个可疑的现象，就是制作豆腐的各种材料的重量总和，小于最终做成的豆腐的重量。这样的结果，从道理上无法说得通。说不通，就可疑，所以朱熹不肯吃这种可疑的食物。

梁章钜认为豆腐是很好的食物，老少贫富皆宜，但必须要烹制得法，“惟其烹调之法，则精拙悬殊，有不可以层次计者”。

梁章钜对自己吃过的好豆腐，念念不忘。一种是早年在浦城

腿已经只剩下羊骨头，羊肉全被他吃到肚子里去了。曹秀先的肚量大，吃的速度又极为迅捷，这样的吃相，让观者也感觉非常过瘾。

礼部侍郎达椿是一个非常儒雅的人，举止斯文。但一见到香喷喷的肉食，形象立刻大变，喉咙里还会发出很大的响声，像猫看见了老鼠。如此失态，是因为达椿的家境不好，平时不能尽情吃肉，馋急了才会买上几斤牛肉，略略一煮，不用太烂，便被他如风卷残云一般，一扫而光，搞得同桌吃饭的人都停下筷子，看他一个人吃个够。

达椿最喜欢过生日，按照北京的习俗，生日这一天，亲朋要来给他祝寿，一般都会送上烤鸭、烤肉。达椿这一天只吃烤鸭，把鸭子切成方块，堆在大盘子里。达椿坐在桌边，也不用筷子，直接用手抓，把一块一块香肥的鸭子塞进嘴里，美美地吃上一顿。可惜这种好日子，每年只能有这么一天。

梁章钜酒瘾大，戒过多少次，最终总是失败。他最喜欢的是酒性暴烈的高粱烧酒，认为是中国至宝。有位部下教给他一个很特别的喝酒方法：特制一个小银壶，样式如同鼻烟壶，里面灌上烧酒，放在贴身的兜肚的夹里，为的是借助体温来保持酒的温度。

另外准备一个小银盒，装一些简单的菜肴放在枕边。夜里睡到亥时、子时，就着银盒里的菜肴，掏出酒壶喝上几口。喝过之后，揣起酒壶接着睡觉，据说对人的身体大有补益。

这种方法梁章钜坚持了二十多年，并且极力向好朋友推荐。听起来这是馋人的做法，但是否真的能补益身体，难说清楚。

梁章钜在江浙一带做过按察使、布政使、巡抚、总督，历时比较长。在吴中任职的时候，当地的韩桂舲、石琢堂、朱兰坡等退职的官员组织了一个消寒会，属于古代会食的一种。对每次宴会的食物都有原则上的约定，是很简单的四个字：早、少、烂、热，称为“食单四约”。

其中的“早”，指的是菜蔬、鱼果要新鲜应季。“少”，是菜量要精、要少，注重质量，不重数量，精致少食。“烂”，是容易消化，这也与消寒会几位成员的年纪有关。“热”，是指饭食要趁热食用，才可以品尝到最佳的滋味。

梁章钜也参加了消寒会，和朋友们一起品尝美食，一起赋诗。梁章钜也做了四首诗，表达他对食单四约的看法。

扬州食物丰富，正月初七是传统的人日，道光二十七年的人日这天，梁章钜就集合了一些好吃的朋友，包括罗茗香、黄右原、严保庸、魏源、吴熙载、毕光琦等人，加上梁章钜，一共七人，都是有名望、有地位、好风雅的人，起了个会。借用苏轼的诗句“七种共挑人日菜”，取名为“挑菜会”。

整个正月里，大家在一起游园聚会，轮流做东，品尝美味佳肴，一起饮酒作诗。只是毕竟这些人没有苏轼、黄庭坚一样的诗才，诗写得太频太多，又是在酒酣脑涨之时挥笔，并未流传出什么佳句。

陈颂南回归故里，路过扬州时，罗茗香与梁章钜约齐一帮朋友，在天宁门外的玉清宫设宴款待陈颂南。参加宴会的人还有黄右原、刘孟瞻、杨季子和梁章钜的儿子梁恭辰。罗茗香就是罗士琳，做过雷州太守。

《扬州画舫录》说，玉清宫是一处道观，在扬州兴隆禅院的右边，门前有一条河。院里有许多元、明两朝留下的古树。玉清宫的右边，是史可法的衣冠冢。

梁章钜在多地做过高官，阅历广泛，著述丰富，参加过无数大大小小的饭局，品尝过各地的食馔，称得上见多识广，所以他有资格谈燕窝、谈鱼翅、谈熊掌鹿尾。对于历代吃货最推崇的鲥鱼，梁章钜也很有研究。

梁章钜在扬州、福建、荆州、严州、广西梧州等地都吃过鲥鱼，他认为夏天的鲥鱼最好吃，但鲥鱼并不只是夏天才有，福建的秋天和冬天也有。而鲥鱼虽然是海鱼，游入江中之后，得江水涤荡滋味更美，所以扬子江的鲥鱼最佳。

有趣的是，在谈论这些美食的时候，梁章钜始终瞄着袁枚，瞄着他的《随园食单》，时不时地把它拉过来，议论一番。

比如蕨菜，《随园食单》中说：“用蕨菜不可爱惜，须尽去其枝叶，单取直根，洗净煨烂，再用鸡肉汤煨。必买矮弱者才肥。”

梁章钜也很喜欢吃蕨菜，在江苏的时候，每到吃蕨菜的季节，每餐必备，吃法上没有特别的发现，大概是完全照着《随园食单》的说法办理。

袁枚认为，燕窝无味，只是被人们用来夸富，又说在广东吃过一种冬瓜燕窝，味道极佳，其中用到了鸡汤和蘑菇汤，燕窝呈玉色，整道菜称得上以柔配柔，以清入清。

梁章钜却认为这道菜不可信，“冬瓜无本性，亦无本味，不得谓之以柔配柔，以清配清。近人更以鸽蛋围其碗边，亦取柔配柔、清配清之意，皆于真味不加毫末，更无谓矣！”

梁章钜把菠菜称为“波棱菜”，认为它没有什么滋味，所以从来不吃，梁家的厨子也从来不买。但是袁枚在《随园食单》中收录了菠菜，认为菠菜肥嫩，加入酱、水、豆腐，一起煮，不必再加蘑菇和鲜笋。袁枚的观点让梁章钜感觉很困惑。

根据梁章钜的考证，明成祖朱棣曾经在民间吃过豆腐干和菠菜，有“金砖白玉板，红嘴绿鹦哥”之说，其中的白玉板是豆腐干，“红嘴绿鹦哥”说的就是红根绿茎的菠菜。

在北京任职的时候，梁章钜发现一个有趣的现象，凡是外省的高级官员进京觐见，到了吃饭的时候，都希望能吃到菠菜。梁章钜又听别人说，而且宫中的菠菜最好吃，这已经是沿袭几十年的传统，其制作方法比较特别：修净菜根，摘除菜叶，只留用肥而粗的菠菜主茎。烹炒时要用旺油，而且要配上优质的虾仁。

梁章钜品尝过宫中的炒菠菜，果然滋味佳妙。回家之后他让厨子烹制菠菜，结果味道差别很大。主要是配料不行，制作不够精致，又不能像宫中厨子一样舍得用油，所以效果不佳。这个例子说明，恰当的烹制方法至关重要。

○小炒肉○醋熘黄河鲤鱼○五柳居醋搂鱼○腊制靖远鱼○刘先生豆腐○鸡肉汤煨蕨菜○面筋○虾仁菠菜茎

三二

张之洞

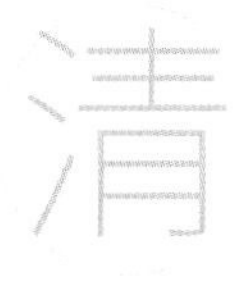

张之洞（1837—1909），字孝达，号香涛，时任总督，称『帅』，故时人皆呼之为『张香帅』，晚清名臣、清代洋务派代表人物。后世将其与曾国藩、李鸿章、左宗棠并称为『晚清中兴四大名臣』。政治上，他主张『中学为体，西学为用』。有《张文襄公全集》传世。

*

同治某年是大考之年，各地学子汇集北京参加会试。考试之后，张之洞和潘祖荫出面张罗，要邀请这些文人到北京的陶然亭聚会。

潘祖荫，字伯寅，江苏吴县人，咸丰二年一甲第三名进士，任翰林编修，入直南书房。同治年间做过左副都御史，工部侍郎，光绪年间做过工部尚书，兵部尚书，入直军机处。

潘祖荫学问优异，喜欢收藏，主持过两次会试，三次乡试，发现了不少人才，在同治年间和光绪初期，和翁同龢一样名声响亮，同为文坛领袖。

潘祖荫平时喜欢请客，有一次设宴，约请的都是自己的门生，所以潘祖荫也就不拘礼节，在写给各人的知单上，特意附上一句："天气甚热，准九点钟入座，迟则彼此皆以暍死，无益也。"

张之洞比潘祖荫年轻，直隶南皮人，少年才俊，十六岁就在乡试中夺得第一名，同治二年考中进士，与潘祖荫一样是一甲第三名，任翰林编修。同治年间出任山西巡抚，两广总督，颇有政绩。

《清史稿》中说张之洞"短身巨髯，风仪峻整"，做事风格独特，"务宏大，不问费多寡。爱才好客，名流文士争趋之"。

潘、张二人组织这次聚会的地点，有一种说法是在陶然亭。陶然亭在北京的南下洼，《日下旧闻考》中说，在北京东南角有一处黑窑厂，是明代遗存下来的，康熙年间废弃。这里地势高下分明，周围蒲苇连绵，京城中的人经常过来登高眺远。

黑窑厂附近还有一处慈悲庵。当初，工部郎中江藻负责管理黑窑厂，闲下来的时候经常到慈悲庵游览，发现慈悲庵西边环境清幽，山池相接，水草丰茂，视野开阔。于是江藻在这里构建了一处亭台，命名为"陶然亭"，取自白居易的一首诗："更待菊黄家酿熟，与君一醉一陶然。"

江藻创建陶然亭的初始目的，就是要搞一个适宜朋友们聚饮的好地方，他又撰写了一篇《陶然吟》，刻于石上。

北京的秋天，云淡天高。陶然亭三面明窗，雅洁敞亮，所在的位置又高旷，视线好，从亭里望出去，外面白杨零落，红蓼花开。因此，京城的文人墨客都喜欢到这里来聚会饮酒。到了九九重阳之日，许多墨客骚人会提着酒菜，登高会饮。除了陶然亭之外，可选择的地方还有很多，比如城南的天宁寺、龙爪槐等处，城北的蓟门烟树、清净化城等地。当然，如果有合适的交通工具，还可以选择去更远的西山八刹等处。

《藤阴杂记》中说，因为江藻的缘故，陶然亭又被称为“江亭”。那里有一个突出的特点，就是在亭前有轩廊，可以用作唱戏的小舞台。春秋两季，每天都有人在这里聚会欢宴。

有一年夏天，汪启淑在陶然亭设宴，款待水部的同僚，也请了一个小戏班。这位汪启淑是歙县人，是乾隆年间的盐商，家里财富巨万，生活奢侈。当天正好赶上下大雨，陶然亭外面雨水连天，亭子里面的宴会与演戏却是照常进行，雨声与琴弦之声两相混杂，别有一种趣味。这就显出亭子与轩廊的好处了。

张之洞年轻时候就进士及第，在北京经常与朋友饮宴，当然也会去陶然亭。文人的聚会，自然少不了吟诗作对。有一次张之洞提出人家对对联。一番较量后，各有胜负。最后，张之洞就用“陶然亭”三个字作为上联，要求对出无情对。李文田很快就对出了下联的三个字“张之洞”，十分工整，惹得众人大笑。

现在张之洞、潘祖荫要到陶然亭搞一次更大的聚会，预计邀请一百余人。因为人数太多，事先他和潘祖荫仔细研究了大家的学问与特长，按照各人的兴趣，把来宾分成经学、史学、小学、金石学等不同的组，据此安排座次，方便宴会的时候大家互相交流。

两个人提前十几天拟好了一个细致的大名单。聚会的时间定在中午，各地的学子当然不愿意错过这个结识朋友的大好机会，况且还有美食美酒。到了聚会的日子，大家准时来到陶然亭，喝茶谈艺，吟诗下棋，好不尽兴。看看天色已晚，众人腹中饥饿，渐渐没有力气谈笑。

潘祖荫最先发现了问题，问张之洞宴会的酒菜是订的哪一家的。张之洞这才想到，自己忙来忙去，竟然忽略了聚会最重要的一件事——订酒订菜。于是赶快派人去找最近的酒家，不论什么饭菜，只要最快最便利的，只管拿回来。

仓促之间买来的饭菜，品质可想而知。但大家实在是饿坏了，顾不上挑拣，胡乱吞咽下去，有的人还吃坏了肚子。

**

康熙、雍正年间，天下太平已久，北京的官员们平时经常聚集宴会。《燕京杂记》中提到一种“消寒会”，大多是在冬季，士大夫轮流做东，聚到一起，围炉饮酒。吃过喝过之后，再一起谈论诗文，或者切磋书画。一般是九个人，轮转一圈正好是九天，取“九九消寒”之义。

还有一种“蝴蝶会”，指的是每一个参加者自带酒菜，一起聚饮。按照《亦有生斋集》的说法，北京城中有一种流行的做法，每个人带一壶酒、一碟菜“醵饮”。所以，实际上应该写为“壶碟会”。

《清稗类钞》中有“醵资会饮”一条，详细介绍了这类聚餐如何摊派费用。一种是大家轮流做东，费用全由东家一个人来出，称为“车轮会”，又名“抬石头”。一种是每次聚餐的费用大家均摊。第三种是大家均摊一部分费用，另一部分由某个人承担。

第四种最有意思，名字叫作“撇兰”，有点像抓阄，但形式很带雅趣：假如聚餐的费用大致要十块银圆，则事先由一位擅长画兰的人画上一丛兰花，有几位朋友赴宴，就画几茎兰花，在每茎兰花的根部标上一个钱数，有的多一些，有的少一些，加起来正好十块银圆，有一茎兰花根部不标钱数。

然后把这张画折叠起来，遮住兰花的根部，不让大家看到。每个参加宴会的人选一茎兰花，在叶端写上自己的名字，最后的一茎兰花留给画兰者。最后把画展开，每个人所选的那茎兰花根部标的是多少钱，他就出资多少。其中总有一位可以白吃一顿，全看各人的手气，很有意思。

《亦有生斋集》的作者是赵怀玉，号味辛，乾隆四十五年考中举人，做过青州府同知。赵怀玉和洪稚存、张船山、吴山尊等几位朋友就曾经搞过“陶然亭雅会”，很有名气。雅会的约定也不同凡俗，就是日期并不固定，只要哪一天北京下大雪，大家就都要赶到陶然亭来饮酒聚会，对酒吟诗。哪个人最后一个赶到，当天的酒钱就由他出。如果不想花钱，就得机灵一点，腿脚快一点，随时观察天象，发现下雪赶快奔往陶然亭。这样的约定，这样的聚会，听起来实在有意思。也因此，他们的聚会在当时名闻京城。

这几位都是恃才傲物之人，其中的洪稚存为人轻狂，常去陶然亭，看见有人聚会饮酒，尽管不认识人家，也要凑过去，强饮一大杯酒，吟一句“如此东君如此酒，老夫怀抱几时开”，然后一笑离开。

作为都城，北京的这种聚会场合最多，其主题大多是喝酒吃饭。时间长了，各人在酒席上的习惯也被众人所知，有些人因此有了自己的绰号，比如“酒王”“酒相”“酒将”；有人因为年轻没有留胡须，被戏称为“酒后”；或者因为年纪最小，被称为

“酒孩儿”。

要组织消寒会、蝴蝶会这种聚会，挑选成员要有一点讲究。大家应该趣味相当，财力相当，最好都是有闲人，不然今天你有事来不了，明天他忙公务脱不开身，未免让大家扫兴。而且其中要有三两个趣人，免得场面太过沉闷。

要保证聚会的质量和新鲜感，还不能安排得太频密，人数也不能太多。张之洞、潘祖荫搞的那次聚会，人数超过了一百人，规模够大，也足够热闹，方便交际。问题是，各人的阅历和喜好差别很大，出面张罗的人根本没有精力讲究饮食，甚至根本就忘了安排酒饭，如果哪位是想来品尝美食的，他必定会大失所望。

作为首善之区，北京的饮食很方便，只要稍稍留意一下，一年四季都很容易安排一顿好饮食。

南风日日纵篙撑，
时喜北风将我行。
汤饼一杯银线乱，
蒌蒿如箸玉簪横。

先说主食。北京的主食当然是以面食为主，《长安客话》中对于北京面食的分类十分简洁，就是三种饼：汤饼、笼饼和胡饼。

汤饼是指“水瀹而食者”，包括蝴蝶面、水滑面、托掌面、切面、挂面、馎饦、馄饨、合络、拨鱼、冷淘、温淘、秃秃麻失等。

笼饼是指“笼蒸而食者”，又称“炊饼”。包括毕罗、蒸饼、蒸卷、馒头、包子、兜子等。

胡饼是指“炉熟而食者”，包括烧饼、麻饼、薄脆、酥饼、髓饼、火烧之类。

如果聚会的时间是在深秋、冬季和初春，当家的菜肴自然是大白菜，清朝时又称为“菘菜”“黄芽菜”等。黄芽菜一般指产于山东、河南等地的白菜品种，卷得比较紧，菜心黄白鲜嫩，甘而丰腴。王士禛在《居易录》中称赞白菜“肥美香嫩”，其中又以安肃白菜为珍品。

《随园食单》里录有多款白菜，可以炒着吃，或者用来煨笋、煨芋、煨火腿、煨虾仁，也可以醋熘。其中一款芋煨白菜是最美的一味家常菜。做法是先把芋头煨烂，再加入白菜心、酱与水。

另一款“黄芽菜煨火腿”，把火腿皮肉分离，先用鸡汤分别煨至酥烂，再把白菜心连根切断，入锅，加蜜、酒酿和水，煨炖半日。结果是肉菜俱化，滋味甘鲜，汤汁鲜美。

《随园食单》也提到了腌白菜，用盐，可以保存到第二年的夏天食用，色白如玉，香美异常。问题是腌一坛子，基本上要烂掉一半，损耗太大。

更早一些的《食宪鸿秘》中也提到北京的几种腌白菜，也是用盐，可以吃到春天。又有醋菜、姜醋白菜，主料都是白菜，整治后入坛中，加少量盐、茴香、椒末，按实，灌满醋。应该是酸菜的早期制法。

白菜之外，另一款当家菜自然就是肉了。满人入关，带到北京来的各种吃食当中，最有特色的就是白煮肉——猪肉不加调料，用白水煮好之后端到客人面前，再加一盆肉汤，客人席地而坐，自己用小刀子割着吃，也不配味料。

据说这种肉非常嫩，非常好吃。手艺熟练者，可以把肉片割得薄薄的、大大的，肥瘦兼有。食量大的满人，一顿可以吃到十几斤。

但这种吃法太腻人，一般人享受不了，于是后来加以改良，加上了佐料，主要是酸菜、腌韭菜末、酱油和醋等。另外，吃白肉的时候还增加了一些配菜，比如鹿尾、血肠等。手艺好的厨子，还会用猪肉做成各种甜味菜，名字也好听，比如木樨枣、蜜煎海棠、蜜煎红果等，种类繁多。

***

张之洞和潘祖荫最终把聚会的地点选定在龙树寺，符合当时北京的风尚。

龙树寺在北京的宣武门外，又称“龙爪槐古刹”，一直是文人喜欢的宴饮之地。道光年间，月亭上人对龙树寺加以修整，建造了一座小楼，名为蒹葭阁。人在阁中望出去，感觉视野开阔，蓝天碧野尽在眼前，即所谓“野阔青三面，天空碧四垂”。

咸丰年间的大学士、吏部尚书汤金钊曾经为这处蒹葭阁题写一副对联，上联是：何处菩提，莫错认庭前槐树。下联配：无边法藏，且笑拈阁外芦花。被人评价为措辞洒脱，用笔飞舞。

《梦华琐簿》中说，龙树寺和极乐寺都是北京人春天里游赏宴会的好去处：“城内龙爪槐，城外极乐寺，皆游春地也。游人皆自携行厨。惟陶然亭、小有余芳二处有酒家。陶然亭暮春即挂帘卖酒，小有余芳则迟至入夏乃开园。”

一般的寺院都位于清幽之地，远离市井的喧嚣，许多寺院还有自己独特的菜肴，尤其是寺院里的某些素馔，很有特点。文人、显贵们吃腻了鸡鸭鱼肉，也愿意跑到郊外的寺院中尝一尝新鲜。

当然，素馔并不是寺院的专利，世俗生活中，人们也经常把素净的食材烹调出荤菜的味道。比如《随园食单》里有一款素烧鹅，其实与鹅没有一点关系，以烧鹅为名，可见其香美，材料却全部都是素料，主要是山药和豆腐皮。把煮熟的山药切为寸块，外面用豆腐皮包裹，锅中放油煎过，同时加入酒、糖、瓜姜等味料，最主要的是加入酱油，为豆腐皮上色，最终出锅时，呈烧鹅一样的酱红色。

另一种做法，材料更简单，只用豆腐皮，将其卷成卷，用酱油和盐浸过，刷上香油，摆放在铁丝上面，下面点燃碎木熏烤，风味独特。

清代乾隆、嘉庆年间，庵寺之间开始流行一种饮食，主要以水果、坚果、植物根茎为材料，看起来新颖独特，比如炒苹果、炒荸荠、炒藕丝、炒山药、炒栗片、油煎山果、酱炒核桃、盐水煮花生等等，品样繁多。甚至有用鲜花作为食材的，比如胭脂叶、金雀花、韭菜花、菊花瓣、玉兰花瓣、荷花瓣、玫瑰花瓣等。其中的许多东西，前代的饮食书中都提到过，并不是新创造。

《梵门绮语录》提到，在震泽的老太庙中有两位年轻美貌的尼姑，一个名叫安文，另一个名叫瑞祯，人们称她们为阿文、阿祯。

两位尼姑年纪轻轻，阿文二十岁上下，阿祯只有十八岁。两个人面目俊美，明眸皓齿，气质高雅。阿文更是身材高挑纤美，阿祯比她略矮一些，身材适中。

两个人心思聪明，各有所长，其中阿文厨艺精湛，做得一手好菜，寻常的蔬菜，经过她的巧妙搭配与设计，可以做出十桌

素馔

菜来。出家之人，戒荤食素，所以阿文的素菜做得尤其好。她可以用面筋做成鸡、鸭或者鱼的形状，通过豆豉等调料，调和出类似鸡、鸭、鱼的味道，可以乱真。这样的菜肴，素质而荤形荤味，既不破戒，又能满足食客的口味，十分难得。当然阿文也会做荤菜，同样出众。阿文的菜还有两个特点，一是干净，二是便宜，仿佛吴中船式之菜。

阿祯聪明伶俐，通晓文墨，精于算计，字写得极好。如此年轻貌美的两个尼姑被人称为姐妹花，老太庙因此声名远扬。许多人慕名而来，到老太庙中品尝阿文的手艺。大体上只需要四五两银子，就可以在老太庙中吃上一桌丰盛的酒席。

老太庙的老尼姑去世之后，庙中事务由阿祯接管。她与阿文配合，把庙中整治一新，格调清新文雅。兼之阿文出色的烹调手艺，到老太庙来一饱口福的人更多了。

无锡也有一处类似的尼姑庵，名为石狮子庵。庵里的尼姑擅长烹调，而且不局限于一般寺庵擅长的素馔，其中最拿手的一样菜是鸭子。

说起来其制法并不复杂：将鸭子收拾干净，装入瓦钵之中，相当于今天用的砂锅。加入酒和盐调味，然后把钵口牢牢密封起来，放入锅中，隔水蒸之。熟后开封，一只鸭子酥烂喷香。最妙的一点是，此前钵中并没有加水，但鸭子熟后，钵中却有不少清汤，醇香可爱。这些清汤是从鸭体本身逼出来的，可以想见汤水的醇正与美味。

当初薛福成在老家的时候，最喜欢石狮子庵的这一款石鸭。薛福成是江苏无锡人，字叔耘，曾经做过曾国藩的幕僚，后被提

〇芋煨白菜〇黄芽菜煨火腿〇姜醋白菜〇白煮肉〇木樨枣〇蜜煎海棠〇蒸鸭

拔为直隶州的知州，曾在浙江、湖南等地任职，又做过驻外使节，光绪二十二年回国，在上海病逝。

现在苏菜当中还有一款清炖硕鸭，其实就是这种石鸭，肉质酥烂，汤清味美，最难得的是做好之后鸭子还保持着完整的外形。

石狮子庵的蒸鸭应该不是自己的创造，早前的《随园食单》里就有干蒸鸭，制法差不多。另一款“徐鸭”，做法也基本相同：鸭子收拾干净之后，要用一块干净的布把里外的水分擦拭干净。但制作的时候需要加水，另用鲜姜、百花酒、盐等。

将鸭子放入瓦钵之中，加盖，再用皮纸严密封住，入锅蒸煮。大约从早晨一直蒸到晚间，中间不可走气。徐鸭味道醇正，与石狮子庵中的制法存在差别。